Landmaschinen der Superlative

Für das Mähen großer Flächen von Gras, Raps, Getreide und anderer Pflanzen, die als Futter oder als nachwachsender Rohstoff gedacht sind, wurden spezielle selbstfahrende Mähmaschinen, die sogenannten Schwadmäher, entwickelt.

LAND MASCHINEN der Superlative

Die Größten • Die Stärksten • Die Schnellsten

Albert Mößmer

GeraMond

Albert Mößmer wurde 1958 in Dachau geboren. Seine ersten Erfahrungen mit Traktoren sammelte er auf dem landwirtschaftlichen Anwesen seiner Eltern (Landkreis Freising). Nach einer technischen Ausbildung war er mehrere Jahre im Maschinenbau tätig. In dieser Zeit entwickelte sich seine Begeisterung für klassische Traktoren, deren Geschichte und technische Entwicklung ihn bis heute fasziniert. Der Wirtschafts- und Sozialwissenschaftler ist als selbstständiger Webentwickler und IT-Berater tätig.

Produktmanagement: Martin Distler
Schlusskorrektur: Helga Peterz
Satz/Layout: Verlagsservice Peter Schneider
Umschlaggestaltung: Jarzina Kommunikationsdesign
Repro: Cromika, Verona
Herstellung: Anna Katavic
Gesamtherstellung: Verlagshaus GeraNova Bruckmann GmbH

Bitte richten Sie diese an:
GeraMond Verlag
Lektorat
Postfach 40 02 09
D-80702 München
E-Mail: lektorat@geramond.de

Die Deutsche Nationalbibliothek verzeichnet diese Publikation in der Deutschen Nationalbibliografie; detaillierte bibliografische Daten sind im Internet über http://dnb.d-nb.de abrufbar.

ISBN 978-3-86245-729-8

Dank

Bedanken möchte ich mich bei allen Personen und Unternehmen, deren Bildmaterial ich für dieses Buch benutzen durfte.

Bildnachweis

AGCO: 2, 26 beide, 27 beide, 34 beide, 35 beide, 36 beide, 37 beide, 40 beide, 41 beide, 42 beide, 43 beide, 52 beide, 53 beide, 60 beide, 61 beide, 72 u, 74 beide, 80 beide, 81 beide, 91 beide, 101 u, 112 beide, 113 beide, 115 beide, 122 beide, 123 beide, 126 u, 132 beide
Amazonen-Werke: 7 u, 9 o, 100 u, 101 o, 102 beide, 103 beide, 116 beide, 117 beide, 118 beide, 119 beide, 133 u
Arthur Rothstein/Library of Congress: 16 u
Case New Holland: Vorsatz, 14 o, 15 u, 17 beide, 18 o, 19 u, 20 Mitte, 20 u, 21 u, 22 o, 24 beide, 25 beide, 44 beide, 45 beide, 46 beide, 47 beide, 58 beide, 59 beide, 70 beide, 71 beide, 75 o, 88 beide, 89 beide, 108 beide, 109 beide, 120 beide, 121 beide, 126 o
Claas: 7 o, 18 u, 20 o, 22 u, 28 beide, 29 beide, 30 beide, 31 beide, 50 beide, 51 beide, 62 beide, 63 beide, 75 u, 76 beide, 77 beide, 82 beide, 83 beide, 92 beide, 93 beide, 127 u
Deere & Company: 6, 10, 11, 21 o, 23 o, 38 beide, 39 beide, 54 beide, 55 beide, 64 beide, 65 beide, 84 beide, 85 beide, 124 beide, 125 beide, Nachsatz
Grégoire Besson: 99 u
Grimme: 73 beide
Holmer: 127 o
Horsch: 104 beide, 105 beide
Jackie Egginton/Dreamstime.com: 13 u
Kinze Manufacturing/Jaybridge Robotics: 133 o
Krone: 56 beide, 57 beide, 66 beide, 67 beide, 78 beide, 79 beide, 86 beide, 87 beide, 94 beide, 95 beide
Kuhn: 96 beide, 97 beide, 128 beide, 129 beide
Kverneland: 90 beide, 106 beide, 107 beide, 130 beide, 131 beide
Library of Congress: 12 o
MacDon: 68 beide, 69 beide
Mößmer, Albert: 13 o, 16 o, 72 o
Reaperman/Creative Commons 3.0: 23 u
Rostselmash: 48 beide, 49 beide
Same Deutz-Fahr: 19 o, 32 beide, 33 beide, 98 u
Sammlung Mößmer: 8 beide, 12 u, 14 u, 15 o, 98 o, 100 o, 114 beide
Vogel & Noot: 99 o
Väderstad: 110 beide, 111 beide
Wisconsin Historical Society: 9 u

Größer, stärker, schneller

Wer moderne Landmaschinen im Einsatz beobachtet, wird überrascht sein, wie schnell sie ihre Arbeit verrichten. Im Nu ist das Gras mit Scheibenmähwerken gemäht und das Stroh in Ballen gepresst. Die Mähdrescher ernten das Getreide und müssen nicht einmal zum Entleeren des Korntanks anhalten. Feldhäcksler, deren Motorleistung teilweise die 1.000-PS-Marke überschreitet, zerkleinern innerhalb kurzer Zeit den Mais. Die Fahrer der Maschinen sitzen in schallisolierten, gefederten und klimatisierten Kabinen.

Vorbei sind die Zeiten, in denen der Landwirt mit seinem 20 km/h schnellen Traktor auf das Feld fuhr, mit Holzrechen das Heu oder Gras zu Schwaden formte und die Rüben von Hand auf den Wagen laden musste. Zeit ist Geld, dies gilt heute nicht mehr nur in den Industrie- und Dienstleistungsbranchen, sondern auch in der Landwirtschaft. Viele der Arbeiten auf dem Feld – vor allem zur Erntezeit – werden von Lohnunternehmern durchgeführt. Jede Stunde zählt, nicht nur für den Landwirt, der dafür zahlen muss, sondern auch für den Lohnunternehmer, der bestrebt ist, seine teuren Maschinen auszulasten und wirtschaftlich einzusetzen.

Für viele haben die großen Landmaschinen und die damit einhergehende Mechanisierung der Arbeit nichts mehr mit der traditionellen Landwirtschaft zu tun. Aber das romantische Bild vom Bauern, der noch seine Kuh beim Namen kannte und am Feierabend zufrieden seine Blicke über das bestellte Feld schweifen ließ, war eine Vorstellung, die weit abseits der ländlichen Realität entstanden war. Die Arbeit auf Hof und Feld war seit jeher körperlich anstrengend und nicht selten der Gesundheit abträglich. Seit der Sesshaftwerdung, die vor etwa 11.000 Jahren im Nahen Osten und Europa einsetzte und mit dem Beginn von Viehzucht und Ackerbau einherging, versuchten die Menschen, sich die Arbeit zu erleichtern. Auf diese Weise entstanden die ersten Hilfsmittel und Geräte, wie der Grabstock, der Pflug und die Sichel. Bestimmte Aufgaben begann man schon bald Last- und Zugtieren zu übertragen. Trotzdem war das Landleben für die meisten Menschen mit kräftezehrenden, sich ständig wiederholenden Arbeiten verbunden. Es ist kein Wunder, dass viele Personen, die entscheidende Beiträge zur Mechanisierung der Landwirtschaft leisteten, eine Abneigung gegen die Arbeit auf Hof und Feld empfanden, wie etwa Harry Ferguson und Henry Ford.

Zu einem entscheidenden Fortschritt in der Landtechnik kam es erst mit dem Einsetzen der Industriellen Revolution. Neue und billigere Materialien sowie die industrielle Fertigung erlaubten den Bau komplizierterer Maschinen. Die Dampfkraft nahm den Menschen und Tieren einen Teil der anstrengenden Arbeit ab. Noch bedeutsamer war die Einführung der Verbrennungsmotoren, die den Bau leichterer Zugmaschinen und anderer motorgetriebener Maschinen erlaubte. Für die meisten westeuropäischen Landwirte glichen die ersten beiden Jahrzehnte nach dem Zweiten Weltkrieg einer technologischen Revolution. In den Garagen hielten die Traktoren Einzug, während aus den Ställen die Pferde und Ochsen verschwanden. Die Schlepper verbrauchten zwar Treibstoff, aber sie wurden nicht müde. Selbst ein kleiner Traktor erbrachte eine höhere Dauerleistung als alle Zugtiere eines Bauern zusammen.

Die ersten Landmaschinen und Geräte, die man hinter die Traktoren hängte, waren die gleichen, die auch die Pferde und Ochsen ziehen mussten. Sobald man aber Maschinen speziell für den Traktor einführte, gewann die Entwicklung rasant an Fahrt. Die Traktoren bekamen stärkere Motoren und die Maschinen wurden immer größer. Der Bedarf an maschineller Leistung war enorm.

Dieses Buch gibt einen Überblick über die größten, stärksten, schnellsten und modernsten Landmaschinen. Nach einer kurzen Geschichte der Landtechnik behandelt das erste Kapitel die großen Erntemaschinen, die zum Mähen, Dreschen oder Häckseln verwendet werden. Im zweiten Kapitel werden Maschinen beschrieben, die zum Bergen des gemähten Ernteguts eingesetzt werden, nämlich Ballenpressen und Schwader. Die großen Sämaschinen werden im dritten Kapitel behandelt. Die Feldspritzen sind das Thema des vierten Kapitels. Mehrere kurze Abschnitte behandeln weitere Maschinen und Fahrzeuge, und schließlich wird auch noch ein Ausblick auf die Landmaschinen der Zukunft gegeben.

Bei der Lektüre des Buches
wünsche ich viel Freude!

Albert Mößmer

Inhalt

CLAAS

Pantera
AMAZONE

Die Geschichte der Landmaschinen

Die Feldarbeit war vor der Mechanisierung anstrengend und langwierig. Manche Kleinbauern konnten sich nicht einmal ein Pferd zum Ziehen der Geräte leisten.

Die Tätigkeiten, die mit der Landwirtschaft verbunden sind, waren lange Zeit reine Handarbeit. Man benutzte zwar schon in der Antike Werkzeuge wie Grabstöcke, Haken, Gabeln, Schaufeln oder Sicheln. Komplexere Geräte kamen jedoch erst relativ spät auf. Selbst beim Pflug handelte es sich anfangs nur um ein Krummholz, das so bearbeitet war, dass man mit einem Haken, der hervorstand, das Erdreich aufreißen konnte. Eine bedeutende Arbeitserleichterung war es, wenn man Ochsen, Esel oder Pferde zum Ziehen von Pflügen oder Wagen einsetzen konnte. Nicht selten wurden aber selbst Zugaufgaben von Menschen erledigt.

Die erste Konstruktion, die man als Erntegerät bezeichnen kann, war der „Gallische Mäher“, über den der

Dieses Bild wurde 1857 von Jean-François Millet gemalt und kann heute im Louvre bewundert werden. Es heißt „Ährenleserinnen“ und lässt die Mühsal, die mit der Erntearbeit verbunden war, erahnen.

römische Gelehrte Plinius der Ältere (23 bis 79) berichtete. Es handelte sich dabei um einen zweirädrigen Karren, der von einem Ochsen oder einem anderen Tier durch das Getreidefeld geschoben wurde. An der Vorderseite befand sich eine mit Zähnen besetzte Schneidefläche, die das Getreide abschnitt. Das Schnittgut fiel in den Karren. Sicherlich waren mehrere Begleitpersonen nötig, die nachhelfen mussten, dass alle so funktionierte, wie es sollte. Der Gallische Mäher wurde spätestens mit dem Anbruch des Mittelalters vergessen.

McCormick und der Getreidemäher

Eine wirkliche Technisierung der Landwirtschaft sollte erst mit der Industriellen Revolution einsetzen. Der Grund dafür war, dass das technische Wissen, das man in anderen Bereichen gewonnen hatte, auch in der Landwirtschaft eingesetzt werden konnte. Materialien wurden billiger und die Herstellung von Maschinen wurde einfacher. Die Vorreiterrolle in der Mechanisierung der Landwirtschaft spielte Nordamerika, weil in den USA und Kanada große landwirtschaftliche Flächen zu bewirtschaften waren, die Farmer jedoch ständig mit Arbeitskräftemangel zu kämpfen hatten. Anders als in Europa, wo ein Landproletariat billige Arbeitskräfte lieferte, mussten vor allem die Landwirte in den Nordstaaten der USA und in Kanada erfinderisch sein, um die Arbeit mit knappen Arbeitskräften zu erledigen.

Einer der wohl bedeutendsten Erfinder in der Landtechnikgeschichte war Cyrus H. McCormick (1809–1883), der im amerikanischen Bundesstaat Virginia auf einer Farm auf-

Cyrus McCormick war zwar nicht der Erfinder der Getreidemäher, er verhalf dieser Erntemaschine jedoch zum Durchbruch. Er gründete eines der bedeutendsten Landtechnikunternehmen. Auch heute gibt es noch Traktoren, die seinen Namen tragen.

Der erste McCormick-Getreidemäher stieß noch auf große Skepsis. Sobald er sich jedoch beim Ernteeinsatz auf einigen Farmen bewährt hatte, stieg die Nachfrage sprunghaft an.

gewachsen war. Sein Vater Robert McCormick, der neben der Farm auch eine Getreidemühle, eine Sägemühle, eine Branntweinbrennerei und eine Werkstatt betrieb, hatte bereits einen mechanischen Getreidemäher gebaut, der allerdings noch mit einigen Konstruktionsmängeln behaftet war. Cyrus, der eine Abneigung gegen die landwirtschaftliche Knochenarbeit hatte, begann 1831 damit, die Konstruktion seines Vaters zu verbessern, um sie einsatztauglich zu machen. Nach einigen Fehlschlägen war das Gerät so ausgereift, dass McCormick es anderen Farmern zum Kauf anbieten konnte. 1840 verkaufte er den ersten Getreidemäher. Nach zwei Jahren waren es sieben Exemplare, die andere Farmer erwarben, und 1844 konnten bereits 50 Stück für den Ernteeinsatz ausgeliefert werden.

McCormicks Getreidemäher wurde von Pferden gezogen. Die Maschine besaß ein Schneidwerk und eine Haspel, die das Getreide gegen die Messer drückte. Sobald es abgeschnitten war, fiel es auf eine Plattform. Von dort wurde das Schnittgut von einer Begleitperson mit einem Rechen heruntergeholt und anschließend von Hand zu einer Garbe gebunden.

Cyrus McCormick verlegte die Produktion der Getreidemäher nach Chicago, da die Werkstatt auf seiner Farm zu klein wurde und die aufstrebende Industriestadt zudem näher am Markt, dem Mittleren Westen, lag. 1948 stellte seine Fabrik bereits 500 Maschinen her und ein Jahr später belief sich die Produktionsziffer auf 1.500 Exemplare.

Die Mähbinder

McCormick war nicht der einzige, der sich mit der Konstruktion von Mähmaschinen beschäftigt hatte. Er war jedoch am Umsatz gemessen der Erfolgreichste. 1852 erfand Jearum Atkins (1818–1897) einen automatischen Rechen, der das Getreide von der Plattform der Mähmaschine herunterrechte. McCormick erwarb das Atkins-Patent und baute die Vorrichtung bei seinen Maschinen ein. Damit konnte bei der Ernte eine weitere Person eingespart werden.

1874 kam Charles Withington zu McCormick und bot ihm einen automatischen Binder an. McCormick kaufte diese Vorrichtung ebenfalls und ließ sie in seine Mäher einbauen. Das geschnittene Getreide wurde nun automatisch in Garben gebunden. Der „Mähbinder“ oder „Bindermäher“ war geboren. In der Folgezeit wurden kaum mehr Getreidemäher ohne die automatische Bindung verkauft.

Vom Dreschflegel zur Dreschmaschine

Nachdem das Getreide geschnitten und getrocknet war, wurde es meist in einer Scheune gelagert. Die Arbeit war damit noch nicht beendet, denn als nächster Schritt erfolgte das Dreschen, das heißt, die Körner mussten noch vom Stroh getrennt werden. Dies war eine Aufgabe, die man oft erst durchführte, wenn die andere Arbeit erledigt war und man Zeit dafür hatte. Zum Dreschen benutzte man anfangs Dreschflegel, mit denen man in der Tenne auf das Getreide schlug. Aber schon in der Antike verwendete man auch Schlitten und Walzen, die man von Tieren über das Erntegut ziehen ließ. Die auf diese Weise aus den Ähren gelösten Körner mussten anschließend noch von Spreu, Staub und Unkrautsamen gereinigt werden. Dies geschah, indem man es mit der Schaufel gegen den Wind warf, wobei die leichteren Teile verweht wurden.

Die Drescharbeit war sehr arbeitsintensiv. Oft mussten dafür

Dieser Mähbinder stammt aus der Zeit nach dem Zweiten Weltkrieg, als der Mannheimer Traktorhersteller Lanz bereits zu John Deere gehörte. Der Antrieb der Maschine erfolgte über die Zapfwelle.

noch Leute angeworben werden, was für den Landwirt ein bedeutender Kostenfaktor war. Diese Aufgabe einer Maschine überlassen zu können, bedeutete deshalb nicht nur eine Vereinfachung der Erntearbeit, sondern brachte außerdem eine Kostenersparnis mit sich. Ein weiterer Vorteil des maschinellen Dreschens war, wie sich herausstellen sollte, der geringere Verlust von Körnern.

Die erste Dreschmaschine soll der schottische Mechaniker und Mühlenbauer Andrew Meikle (1719–1811) konstruiert haben. Vermutlich stützte er sich dabei auf Entwürfe anderer Konstrukteure. Die Dreschmaschinen setzten sich zuerst auf den großen Gütern und Höfen durch, sehr zum Missfallen der Landarbeiter, die sich von den Maschinen einer Einkommensquelle beraubt sahen. Als Antriebskraft dienten anfangs noch Menschen und Tiere, die über Göpel die Maschinen in Bewegung setzten. Mit dem Aufkommen der Dampfmaschinen und Lokomobilen kam zunehmend die Dampfkraft für diesen Zweck zum Einsatz. Lohndrescher zogen im neunzehnten Jahrhundert mit Lokomobilen und Dreschmaschinen von Hof zu Hof und boten ihre Dienstleistung den Landwirten an. Auf den nordamerikanischen Farmen, wo man das Stroh nicht zum Einstreuen benötigte, erfolgte das Dreschen oft auf den Feldern. Man musste anschließend nur das Getreide in die Scheunen transportieren. Im zwanzigsten Jahrhundert kamen auch mobile Elektromotoren zum Einsatz, sobald die Dörfer an das Stromnetz angeschlossen worden waren, und schließlich wurden auch Traktoren verwendet, die über die Riemenscheiben die Dreschmaschinen antrieben.

Die Funktionsweise der Dreschmaschinen

Bei den Dreschmaschinen unterschied man zwischen Stiftendreschern und Schlagleistendreschern. Die Stiftendrescher besaßen eine mit Stiften versehene Dreschtrommel, die sich in einem ebenfalls mit Stiften ausgestatteten Korb drehte. Die Garben wurden der Länge nach, mit den Ähren voran, in die Maschine eingeführt. Dort gelangten sie zwischen die Trommel und den Korb und wurden auf diese Weise von den Stiften ausgedroschen. Die Körner fielen durch den siebartigen Korb. Der Abstand zwischen Trommel und Korb konnte nach Bedarf verstellt werden. Ein zu großer Abstand hatte einen schlechten Ausdrusch und ein zu geringer Abstand eine Beschädigung der Körner und des Strohs zur Folge. Da die Trommeln dieser Dreschmaschinenart nur eine Länge von etwa 70 Zentimetern hatten, sprach man auch von Schmaldreschern.

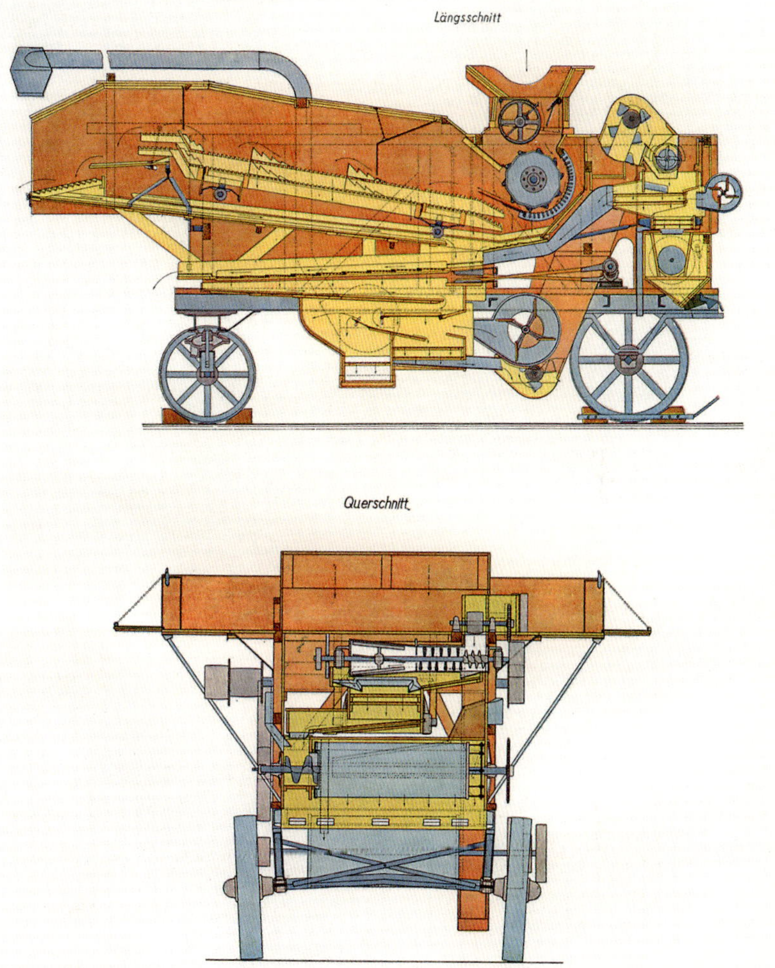

Diese Risszeichnung zeigt eine Dreschmaschine von Lanz. Im oberen Bild sind die Dreschtrommel und der Dreschkorb zu sehen (in der rechten Hälfte oben in grauer Farbe). Im linken Teil des oberen Bildes sind oben die Schüttler eingezeichnet (in Gelb).

Wesentlich länger waren die Trommeln der Schlagleistendrescher, nämlich ungefähr 1,70 Meter, weswegen man sie auch Breitdrescher nannte. Die Trommel und der Korb dieser Dreschmaschinen waren mit Schlagleisten bestückt. Die Garben wurden parallel oder schräg zur Trommel eingelegt. Das Ausdreschen erfolgte dabei durch die Schlagleisten.

Das Dreschen wurde auf den amerikanischen Farmen oft auf dem Feld durchgeführt. Als Antrieb der Dreschmaschine dient in diesem Fall eine Lokomobile.

Nachdem das Erntegut Dreschtrommel und -korb durchlaufen hatte, gelangte es auf einen Schüttler, der die restlichen Körner herausschüttelte. Die Körner, die durch den Korb und den Schüttler abgesondert wurden, kamen zur ersten Reinigung, wo sie mittels Sieben und eines Gebläsewinds von der Spreu gereinigt wurden. Auf einem weiteren Sieb erfolgte die Reinigung von Sand und feinen Unkrautsamen, weshalb man auch vom „Sandsieb“ sprach. Anschließend passierte das Getreide einen Entgranner und gelangte zur zweiten Reinigung, wo wiederum durch ein Gebläse oder durch Siebe der Rest der unerwünschten Beimengungen entfernt wurde. Die letzte Stufe war die Sortierung, die mittels Gebläse, Sieb oder eines Zylinders aus Stahldraht erfolgte.

Das Ausdreschen des Ernteguts erfolgte durch eine Dreschtrommel, die entweder mit Stiften (oben) oder mit Schlagleisten (unten) versehen war.

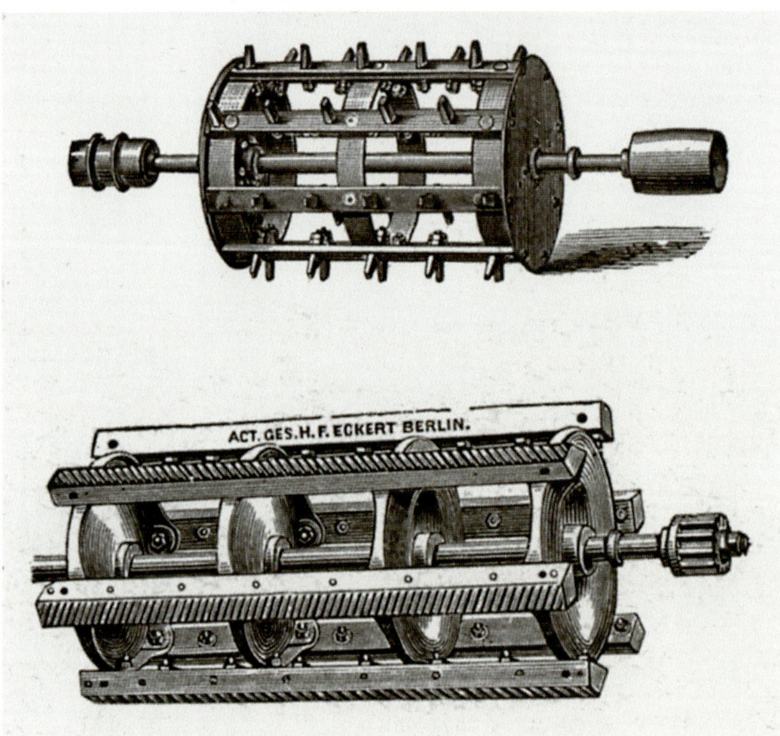

Zugkraft mit Dampf

Zu den anstrengendsten Arbeiten in der Landwirtschaft gehörte das Ziehen, vor allem, wenn es sich um schwer beladene Wagen oder Pflüge handelte. Diese Aufgabe überließ man schon in der Antike bestimmten Tieren wie Pferden, Ochsen und Rindern. Aber vor allem in der ärmeren Bevölkerungsschicht mussten sich nicht selten Menschen, Ziegen oder sogar Hunde vor die Wagen spannen lassen.

Mit der Entdeckung der Dampfkraft im achtzehnten Jahrhundert setzte die Ablösung der tierischen

Dechentreiter in Bäumenheim gehörte von den 20er- bis in die 50er-Jahre zu den bedeutendsten Dreschmaschinenherstellern in Deutschland. Dieses Modell wurde über einen Riemen entweder von einem Standmotor oder einem Traktor angetrieben.

und menschlichen Zugkraft ein. Schon kurz nach 1800 kam man auf die Idee, mobile Dampfmaschinen herzustellen, indem man sie auf Räder stellte. Man nannte sie deswegen Lokomobilen. An ihren Einsatzort mussten sie häufig jedoch noch mit Pferden gezogen werden. Sie dienten zum Antrieb stationärer Geräte wie etwa Dreschmaschinen. Schließlich beschäftigte man sich auch damit, wie man die Lokomobilen für die schwere Feldarbeit einsetzen konnte. John Fowler aus dem englischen Leeds spielte bei der Einführung der Dampfkraft in der Landwirtschaft eine bedeutende Rolle. Er stattete zwei Lokomobilen mit Seilwinden aus und stellte sie auf die gegenüberliegenden Seiten eines Feldes. Die Lokomobilen hatten die Aufgabe, einen Kipppflug, der auf einer Achse mit großen Rädern lag, mithilfe der Seilwinden über das Feld zu ziehen. Diese Methode hört sich als etwas umständlich an, war aber für die damalige

Die Lokomobilen waren groß und schwierig zu manövrieren. Als Zugmaschinen kamen sie nur bedingt infrage.

In Nordamerika kamen Lokomobilen nicht nur als Antrieb von stationären Maschinen zur Anwendung, sondern man setzte sie auch als Zugmaschine ein, zum Beispiel beim Pflügen. Das Bild zeigt eine Lokomobile von Case.

Zeit ein erheblicher Fortschritt. Andere machten es Fowler nach und sogenannte „Dampfseilpflüge" blieben bis ins zwanzigste Jahrhundert im Gebrauch.

Die Lokomobilen hatten ihren Höhepunkt um die Wende vom neunzehnten zum zwanzigsten Jahrhundert. Die in Mannheim ansässige Firma Lanz baute zu dieser Zeit jährlich ungefähr 2.000 dieser Maschinen. Es gab drei Bauarten von Lokomobilen: solche, die keinen eigenen Antrieb besaßen und zum Einsatzort gezogen werden mussten, Straßenzugmaschinen und Dampfwalzen.

Lokomobilen waren groß und schwer. Abseits der festen Straßen konnte man sie als selbstfahrende Zugmaschinen nur bedingt einsetzen. Anders verhielt es sich in Nordamerika, wo der Prärieboden tragfähiger war. Dort hängten die Farmer sogar mehrere Pflüge hintereinander an die fahrenden Dampfmaschinen und beackerten damit die Felder. Eine Lokomobile von Case, des damals größten Dampfmaschinenherstellers der Welt, konnte sogar einen dreißigscharigen Pflug ziehen.

Die ersten Traktoren

Den Lokomobilen versuchte man bereits gegen Ende des neunzehnten Jahrhunderts eine leichtere und flexiblere Konkurrenz entgegenzusetzen. 1876 hatte Nicolaus August Otto einen Verbrennungsmotor, der im Viertaktverfahren arbeitete, entwickelt. Ein solcher Motor hatte den Vorteil, dass er bedeutend leichter als eine Dampfmaschine war. Man musste ihn zwar mit Kraftstoff versorgen, aber er brauchte, anders als der Dampfantrieb, keine große Menge von Wasser und Brennstoff.

Die erste Zugmaschine mit Verbrennungsmotor soll der in Illinois lebende John Charter gebaut haben. Sein Unternehmen, die Charter Gas Engine Company, lieferte 1889 sechs dieser Motorzugmaschinen an Farmer in South Dakota. Über diesen Traktorpionier ist jedoch nur wenig bekannt. Bedeutend mehr weiß man über John Froelich aus Waterloo in Iowa. Gemeinsam mit dem Schmied Will Mann baute er 1892 ein Gefährt, das von einem Benzinmotor der Firma Van Duzen angetrieben wurde. Insgesamt wurden fünf Exemplare dieses Modells hergestellt. Als Zugmaschine scheint es sich jedoch nicht bewährt zu haben, denn es wurde vor allem zum Antrieb stationärer Maschinen eingesetzt. Kurz nach Froelich baute auch der Landmaschinenhersteller J. I. Case in Racine, in Wisconsin, nach den Plänen des Konstrukteurs William Paterson einen ersten Traktor. Doch auch dieses Gefährt ging nicht in Serienproduktion.

Die ersten Traktoren glichen noch motorisierten Fahrgestellen wie dieses Modell von Froelich. Der Motor besaß einen großen Zylinder.

Hart und Parr begannen erfolgreich mit der Serienfertigung von Traktoren. Dieses Modell von 1917 besaß vorne ein Doppelrad, wie es lange Zeit bei amerikanischen Reihenfruchttraktoren üblich war.

1901 gelang es schließlich Charles W. Hart und Charles H. Parr, die kurz vorher in Madison, Wisconsin, die Hart-Parr Gasoline Engine Company gegründet hatten, den ersten für den alltäglichen Einsatz geeigneten Traktor zu bauen. Ihnen wird auch zugeschrieben, die Bezeichnung „tractor" für die Zugmaschine eingeführt zu haben. Nach dem erfolgreichen Start der Hart-Parr-Traktoren stiegen auch andere Unternehmen in den Traktorbau ein. Case begann 1912 wieder mit der Herstellung von Traktoren, und John Froelichs Firma wagte den Wiedereinstieg 1913.

Traktoren und Landmaschinen

Für die Traktoren galt dasselbe wie für die Landmaschinen: Sie verbreiteten sich früher und schneller auf dem nordamerikanischen Kontinent, wo große Flächen zu bewirtschaften waren und ein Arbeitskräftemangel herrschte, als in Europa, wo die Landwirtschaft von kleinen Höfen geprägt war. 1917 begann Henry Ford mit der Produktion seines Model F, eines am Fließband gefertigten kostengünstigen Schleppers, mit dem er dem Durchschnittsfarmer den Umstieg auf die mechanische Zugkraft ermöglichen wollte. Mit einem Preis von 750 Dollar unterbot er jede Konkurrenz und errang innerhalb kurzer Zeit die Marktführerschaft in den USA. In Deutschland brach das Traktorzeitalter erst nach dem Ersten Weltkrieg und bedeutend zögerlicher als in den USA an. 1921 stellte Lanz den ersten Bulldog vor, einen Traktor, der einen Glühkopfmotor als Antrieb besaß. Die ersten Lanz-Schlepper waren weniger für die Feldarbeit, sondern mehr als Straßenzugmaschinen oder als mobiler Antrieb für stationäre Maschinen geeignet. 1926 brachte Lanz jedoch den HR-Bulldog auf den Markt, bei dem es sich um einen vollwertigen Ackerschlepper handelte. Es waren jedoch nur die zahlungskräftigen

Mit dem Fordson F errang Ford die Marktführerschaft in den USA. Zahlreiche Exemplare gingen in den Export. 24.000 Stück wurden in die Sowjetunion geliefert.

Zwölf PS leistete der erste Lanz-Bulldog. Eine Spezialität von Lanz waren die einzylindrigen Glühkopfmotoren, die robust und äußerst kraftstofftolerant waren.

Landwirte und Gutsbesitzer, die sich zu dieser Zeit einen Traktor leisten konnten. Die anderen mussten noch mit ihren Pferden und Ochsen arbeiten. Dementsprechend wenig Verbreitung fanden auch die modernen Maschinen, die bereits auf den nordamerikanischen Feldern die Arbeit rationalisierten. Die meisten europäischen Landwirte mussten noch bis in die 1950er-Jahre warten, bis auch sie auf die maschinelle Kraft umsteigen konnten. Traktoren hatten gegenüber den Zugtieren einige entscheidende Vorteile: Sie ermüdeten nicht und verbrauchten nur Kraftstoff, wenn sie sich im Einsatz befanden, während die Tiere auch Nahrung brauchten, wenn sie nichts zu tun hatten. 1920 führte die International Harvester Company (die aus dem Zusammenschluss von McCormicks Unternehmen mit anderen Herstellern entstanden war) einen Traktortyp mit Zapfwelle ein. Die Zapfwelle ermöglichte es, angebaute oder gezogene Maschinen direkt durch den Traktor anzutreiben. Dies war ein erheblicher Fortschritt, denn die Möglichkeiten, die sich nun für einen maschinellen Einsatz ergaben, wurden vielfältiger.

Das Aufkommen der Mähdrescher

Ein weiterer Schritt nach vorne in der Erntetechnik war die Einführung von Maschinen, die das Getreide sowohl mähen als auch im gleichen Arbeitsgang dreschen konnten – der Mähdrescher. Die Idee für solche Maschinen kam sehr früh auf. Die Frage war, wie man das Konzept umsetzen sollte. Bereits 1836 hatte Hiram Moore aus dem Ort Climax im amerikanischen Bundesstaat Michigan ein Patent auf eine Kombination von einem Mäher und einem Drescher bekommen. Dies war, bevor McCormick seinen ersten Getreidemäher verkaufen konnte. Moores Maschine war ein Ungetüm, das über drei Meter hohe Räder angetrieben und von mindestens zwanzig Pferden gezogen werden musste. Der Erfolg blieb zwar aus, aber ein Exem-

Zahlreiche Pferde oder Maultiere waren nötig, um einen der frühen Mähdrescher zu ziehen. Falls die Zugtiere durchgingen, was nicht selten geschah, konnte die aus Holz gebaute Erntemaschine zerstört werden.

Die ersten Mähdrescher wurden noch gezogen und über große Räder angetrieben, wie dieses Modell von Case. Zur Bedienung war mindestens eine Person auf der Maschine nötig.

plar der Maschine gelangte 1854 auf einem Schiff nach Kalifornien. Dort wurden tatsächlich die ersten Mähdrescher gebaut. Bis zu 40 Pferde oder Maultiere waren zum Ziehen einer dieser großen, bis zu 15 Tonnen schweren Maschinen nötig. 1886 kam jedoch George Stockton Berry auf die Idee, als Mähdrescherantrieb eine Dampfmaschine zu verwenden. Als Brennstoff diente das Stroh, das man auf den großen Farmen ohnehin nicht zum Einstreuen benötigte.

Die von Tieren gezogenen und von Dampfmaschinen angetriebenen Mähdrescher blieben auf die großen Felder im Westen des nordamerikanischen Kontinents beschränkt. Eine größere Verbreitung fanden die Mähdrescher erst, nachdem sich die Traktoren als Zugmaschinen durchgesetzt hatten. Der Antrieb des Dreschwerks, der Schüttler, der Reinigung und der anderen funktionellen Teile dieser traktorgezogenen Mähdrescher erfolgte anfangs noch über große Räder, die auf dem Boden liefen, auf englisch „bullwheels" genannt. Kleine, auf den Mähdreschern aufgebaute Verbrennungsmotoren ersetzten sie aber bald. Mit der Einführung der Zapfwelle konnte der Antrieb direkt durch den Traktor erfolgen. Manche Mähdrescher benötigten trotzdem noch Hilfsmotoren, da die Traktoren oft zu schwach waren.

Selbstfahrende Mähdrescher

Kaum ein anderes Unternehmen spielte in der Geschichte des Mähdrescherbaus eine so entscheidende Rolle wie Massey-Harris, ein Vorläufer von Massey Ferguson. Der ursprünglich in Kanada ansässige Landmaschinenhersteller Massey-Harris hatte bereits 1910 den ersten gezogenen Mähdrescher eingeführt. 1938 brachte Massey-Harris den ersten selbstfahrenden Mähdrescher – bei dem es sich nicht wie bei anderen Herstellern um einen Traktor mit Aufbauten handelte – auf den Markt. Während des Zweiten Weltkriegs wurden die Massey-Harris-Mähdrescher beim Einsatz in den sogenannten „Ernte-Brigaden" berühmt. Dabei handelte es sich um Lohnunternehmer, die mit ihren Maschinen von Farm zu Farm fuhren, um das Getreide zu ernten.

In Europa, wo sich die amerikanischen Maschinen wegen der größeren Dichte des Getreides und der Verwendung des Strohs nicht ohne Weiteres einsetzen ließen, spielten Claas in Deutschland und Claeys in Belgien eine besondere Rolle bei der Entwicklung und Verbreitung der Mähdrescher. Die Firma Claeys im belgischen Zedelgem stellte 1952 den ersten eigenen selbstfahrenden Mähdrescher vor. Claas hatte bereits vor dem Zweiten Weltkrieg mit dem Bau gezogener Mähdrescher begonnen. 1953 führte das in Harsewinkel beheimatete Unternehmen ebenfalls einen Selbstfahrer ein. Die europäischen Mähdrescher waren oft mit Strohpressen ausgestattet, sodass das zur Einstreu benötigte Stroh ohne großen Aufwand geborgen werden konnte. Auf der anderen Seite des Atlantiks hatte man dafür weniger Bedarf.

Die Weiterentwicklung der Mähdrescher

Die Mähdrescher wurden in der Folgezeit immer größer und ausgereifter. Während der Fahrer anfangs noch hinter dem Schneidwerk saß,

1938 führte Massey-Harris den ersten richtigen selbstfahrenden Mähdrescher ein. Auf den Komfort heutiger Mährdrescherkabinen musste der Fahrer jedoch noch verzichten.

Die im belgischen Zedelgem ansässige Firma Claeys gehörte zu den Pionieren des europäischen Mähdrescherbaus. Der M 80 wurde von 1959 bis 1965 hergestellt. Die Ausführung in diesem Bild ist mit einem Raupenlaufwerk ausgestattet.

der Sommerhitze ausgesetzt war und nicht wenig Staub schlucken musste, achtete man bei späteren Konstruktionen darauf, einen gesunden und komfortablen Arbeitsplatz bieten zu können. Die Mähdrescher bekamen zunächst Kabinen, die zumindest vor den Sonnenstrahlen und dem Staub schützten. Schließlich stattete man die modernen Cockpits mit Klimaanlagen, Schallisolierung und manchmal sogar Kühlschränken aus.

Das Dreschsystem der Mähdrescher ist in seiner ursprünglichen Form den Dreschmaschinen entnommen worden. Es besteht aus einer Dreschtrommel, die sich in einem siebartigen Dreschkorb dreht. Die mit Schlagleisten ausgestattete Trommel schleift das Erntegut über den Korb und sorgt so dafür, dass sich die Körner aus den Fruchtständen lösen. Anschließend gelangt das Stroh mit den noch nicht ausgelösten Körnern auf die Hordenschüttler, die das Erntegut durchschütteln und so den größten Teil der restlichen Körner herauslösen. Man spricht bei dieser Technik vom Tangentialverfahren, da das Stroh die Trommel – wie eine Tangente den Kreis – auf einer Seite berührt.

Mitte der 1970er-Jahre kamen New Holland und International Harvester – zwei bedeutende Mähdrescherhersteller – mit einem neuen Verfahren auf den Markt. Anstelle einer quer zur Fahrtrichtung eingebauten Trommel besaßen die mit dem neuen System ausgestatteten Mähdrescher der Länge nach eingebaute Rotoren. Das Stroh wird den Rotoren entlang spiralförmig nach hinten geleitet – also der Achse entlang, weswegen man auch vom Axialverfahren spricht –, wobei der vordere Teil dem Dreschen und Separieren dient, während der hintere Teil die Restkornabscheidung übernimmt. Schüttler erübrigen sich bei dieser Technik, was Platz spart und dadurch einen größeren Korntank ermöglicht. Das Rotorsystem eignet sich darüber hinaus hervorragend für den Drusch von Mais und Sojabohnen.

Die Rotortechnik hat allerdings auch ihre Nachteile. Durch den Umstand, dass vom Rotor sowohl das Dreschen als auch die Restkornabscheidung übernommen wird, kann das System nicht für beide Aufgaben gleichzeitig optimiert werden. Das Stroh ist bei dieser Technik außerdem einer größeren Belastung ausgesetzt als beim Tangentialverfahren, was die nordamerikanischen Farmer weniger stört, da es zumeist gehäckselt und in den Boden eingearbeitet wird, für die europäischen Landwirte jedoch ein Problem sein kann, falls es noch genutzt werden soll. Diese Gründe und auch der Umstand, dass die Rotoren dem Mähdreschermotor eine vergleichsweise hohe Leistung ab-

1953 brachte Claas den Super Junior auf den Markt. Bereits im ersten Jahr konnten fast 1.500 Exemplare verkauft werden. Zum Antrieb war ein Traktor mit einer Leistung von mindestens 25 PS nötig. Bei diesem Exemplar musste das Getreide noch abgesackt werden.

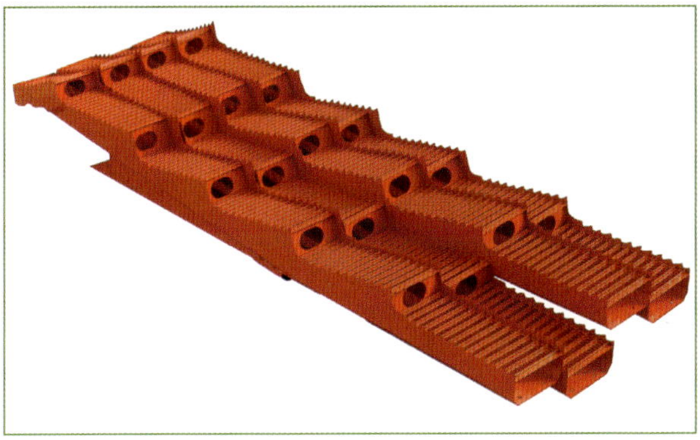

Dieses Bild zeigt die Hordenschüttler eines Deutz-Fahr-Mähdreschers. Die Hordenschüttler haben die Aufgabe, das Stroh, das aus dem Dreschaggregat kommt, aufzulockern, sodass die Körner, die sich noch im Stroh befinden, abgeschieden werden.

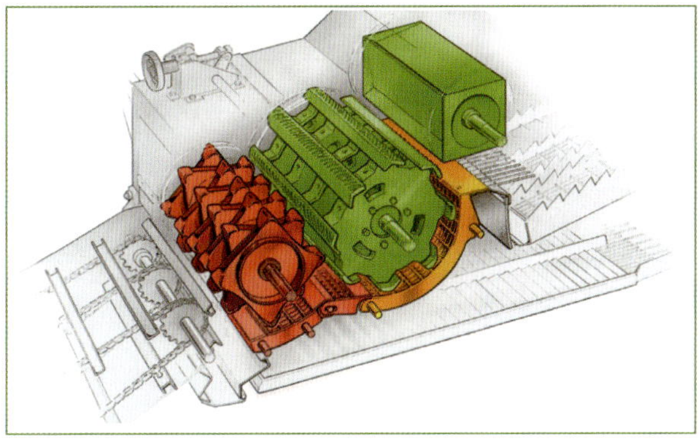

Das Tandem-Dreschwerk von Deutz-Fahr verfügt über eine Vordreschtrommel (rot), die für eine gleichmäßige Zufuhr und Verteilung des Ernteguts vor der eigentlichen Dreschtrommel (grün) sorgt. Der Dreschkorb der Haupttrommel ist hier orange eingezeichnet.

verlangen, hatten zur Folge, dass das Axialverfahren vor allem in Nordamerika und bei den großen, stark motorisierten Mähdreschern eine weite Verbreitung fand.

Fast jeder Mähdrescherhersteller brachte Maschinen mit der Rotortechnik auf den Markt. Gleichzeitig war man aber bestrebt, sowohl die Tangential- als auch die Axialtechnik weiterzuentwickeln. Deutz-Fahr führte beispielsweise ein Tandem-Dreschwerk ein. Bei dieser Konstruktion ist eine Trommel, die der eigentlichen Dreschtrommel vorgelagert ist, für eine Vorabscheidung zuständig. Claas entwickelte das APS-System (APS = „Accelerated Pre-Separation"). Dabei übernimmt eine Beschleunigungstrommel das Erntegut aus dem Einzugskanal und beschickt das Dreschwerk mit einer konstanten Dreschgutmenge. Die Vorbeschleunigertrommel dreht sich über einem Vorkorb und führt auf diese Weise ebenfalls eine Vorabscheidung durch.

Eine weitere Entwicklung sind die Hybridsysteme, bei denen das Tangential- mit dem Axialverfahren kombiniert ist. Das Erntegut gelangt zuerst in die Dreschtrommel, die für das eigentliche Dreschen zuständig ist, und wird dann weiter zum Rotor geleitet, wo die Restkornabscheidung stattfindet. Es besteht die Möglichkeit, beide Systeme separat zu optimieren. Für die Dreschtrommel können die Drehzahl sowie die Dreschspaltenweite festgelegt werden und beim Rotor können ebenfalls die Drehzahl und die Abscheidefläche den Erfordernissen angepasst werden. Damit die Anschaffung einer Hybridmaschine rentabel ist, muss jedoch eine Auslastung garantiert sein. Dies bedeutet, dass diese Technologie vor allem bei Mähdreschern der obersten Leistungsklasse, die auf großen Feldern und bei Lohnunternehmern zum Einsatz kommen, zu finden ist.

1970 führte New Holland mit dem TR70 die Rotortechnik ein. Das Axialverfahren wurde von anderen Herstellern übernommen und wurde vor allem bei den großen Mähdreschern die bevorzugte Druschtechnik.

Mit dem zunehmenden Maisanbau kamen immer mehr Feldhäcksler zum Einsatz. Um dem steigenden Leistungsbedarf Genüge zu leisten, wurden Selbstfahrer wie der Jaguar von Claas eingeführt.

Feldhäcksler

Andere große Erntemaschinen, die verglichen mit den Mähdreschern erst spät auf den Feldern auftauchten, sind die selbstfahrenden Feldhäcksler. Die Feldhäcksler fanden in Nordamerika, wo der Maisanbau seit Langem bedeutend ausgedehnter ist als in Europa, eine frühe Verbreitung. Bereits im Jahr 1892 bekam Charles C. Fenno aus dem Ort Grinnell in Iowa ein Patent auf eine „Mais-Silage-Erntemaschine“. Die Maschine schnitt den Mais und führte das Schnittgut einem Rotationsschneidwerk zu. Diese Maschine wurde noch von Pferden gezogen, wobei der Antrieb des Schneidwerks, wie bei den frühen Mähdreschern, über ein mitlaufendes Rad erfolgte. Joseph Weigel aus Flandreau in South Dakota verbesserte 1912 Fennos Konstruktion, indem er einen Hilfsmotor zum Antrieb der Schneid- und Häckselwerke einbaute. Adolph Ronning und sein Bruder Andrean aus Boyd in Minnesota reichten 1915 einen Patentantrag auf ihre verbesserte Version der Silage-Erntemaschine ein. Ab 1918 wurde die Ronning-Maschine von der American Harvester Company in Minneapolis in Serie produziert. Diese Maschinen wurden bei der Arbeit von Wagen begleitet, die das Erntegut aufnahmen und es zum Silo brachten. Die Zugkraft kam zu dieser Zeit immer noch von Pferden. 1926 führte die International Harvester Company jedoch einen Maisernter ein, der von einem Traktor gezogen und über die Zapfwelle angetrieben wurde.

Die selbstfahrenden Feldhäcksler gehören zu den am stärksten motorisierten Landmaschinen. Dieses Bild zeigt einen Claas Jaguar mit seinem Motor (hinten). Der Antrieb des Häckselaggregats (vorne) erfolgt über einen Riemen, „Powerband“ genannt.

Die Heuernte hatte William J. Conroy von Aylmer in der kanadischen Provinz Quebec im Sinn, als er 1891 für seinen mit einer Pickup ausgestatteten Heuhäcksler ein Patent bekam. Ein kommerzieller Erfolg war die Maschine jedoch nicht. Auf Erwin W. Saiberlich, den Chefingenieur der Fox River Tractor Company in Appleton im Bundesstaat Wisconsin geht eine Erntemaschine mit Pickup zurück, die ab 1932 in Serie produziert wurde und sehr erfolgreich war.

In Deutschland unternahm der Landmaschinenhersteller Friedrich Segler 1941 in Pommern erfolgreiche Versuche mit einem Feldhäcks-

Außer Mais wird auch Gras zu Silage-Zwecken gehäckselt. Um den Schwad aufzunehmen, werden die Feldhäcksler mit einer Pickup wie diesem Modell von New Holland ausgestattet.

Das automatische Spurführungssystem hilft dem Fahrer dieses John-Deere-Mähdreschers, genau die Spur zu halten. Dies entlastet den Fahrer und hilft, Kosten zu sparen.

ler. Der Zweite Weltkrieg verhinderte jedoch die Einführung neuer Landmaschinen. Erst nach Kriegsende, als die Traktoren für die Zug- und Antriebskraft zunehmend verfügbar wurden, gewann schließlich auch die Entwicklung von Feldhäckslern an Fahrt.

Die Maisfelder wurden im Laufe der Zeit immer größer und die Ernte verlangte den Traktoren immer mehr an Leistung ab. Viele sahen Vorteile in leistungsstarken selbstfahrenden Feldhäckslern. Es waren jedoch nicht die großen Landmaschinenhersteller, die mit dem Bau solcher Maschinen begannen, sondern einfallsreiche Lohnunternehmer und Landmaschinenhändler, die auf die Idee kamen, die Aggregate gezogener Häcksler an Mähdrescher zu bauen. Zu den Vorteilen der Selbstfahrer gehörten ihre Manövrierbarkeit sowie der Umstand, dass bei Beginn der Maisernte für den Traktor keine Gasse durch das Maisfeld geschnitten werden musste.

Sobald die Landtechnikunternehmen in die Serienproduktion von selbstfahrenden Feldhäckslern einstiegen, erlebten diese Maschinen eine schnelle Evolution. Immer stärkere Motoren sorgten für den Antrieb der Fahrzeuge und Häckselaggregate. Heute sind die Häckselgiganten nicht nur hochmotorisierte Erntemaschinen, sondern auch Hightech-Maschinen, die mithilfe von Computern und GPS gesteuert werden können.

Stark und präzise

Mähdrescher und Feldhäcksler vereinfachten und beschleunigten die Erntearbeit enorm. Andere Maschinen leisteten ebenfalls einen Beitrag dazu. Das Bergen von Stroh und Heu kann mithilfe von Ballenpressen innerhalb kurzer Zeit erfolgen. Das Grasmähen mit Scheibenmähwerken oder mit selbstfahrenden Schwadmähern geschieht ohne großen Aufwand. Wer die mühevolle Erntearbeit früherer Zeiten kennt, kann über die Leistungsfähigkeit und Geschwindigkeit moderner Maschinen nur staunen. Die Maschinen werden immer größer, schneller und ausgeklügelter. Sie werden aber auch teurer. Um einen rentablen Einsatz zu ermöglichen, müssen die Flächen entsprechend groß sein. Deswegen sind es in Westeuropa vor allem Lohnunternehmer, die sich solche Maschinen der Superlative anschaffen. In anderen Weltgegenden wie zum Beispiel den USA, Kanada, Australien, aber auch im ehemals kommunistischen Osteuropa gibt es Betriebe, in denen die Anschaffung von Maschinen der obersten Leistungsklasse rentabel ist.

Um Kosten zu sparen, müssen die großen Maschinen optimal eingesetzt werden. Dies heißt, dass es bei der Ernte keine Spurüberschneidungen oder Auslassungen geben soll. Beim Säen, Düngen und Spritzen soll genau die Menge ausgebracht werden, die notwendig ist. Man nennt diese Optimierung der Einsatzmittel „Präzisionslandwirtschaft". Fahrhilfen und automatische Lenksysteme helfen mit Satellitenunterstützung beim Steuern auf großen Feldern oder übernehmen das Lenken der Maschinen selbst. Vom Traktor aus können die Bedienung und Überwachung der angebauten oder gezogenen Maschinen über ein Terminal erfolgen. All dies wäre ohne den Einsatz von Bordcomputern, die mittlerweile die elektronischen Gehirne der Traktoren und selbstfahrenden Maschinen sind, nicht möglich. ◂

Die Fahrer moderner Mähdrescher müssen keinen Staub mehr schlucken. Gesundheitsschonende Kabinen sind heute die Norm. Dieses Bild zeigt eines Kabine der CX-Serie von New Holland.

Giganten der Felder: Mähdrescher, Feldhäcksler und Schwadmäher

Moderne Mähdrescher erreichen enorme Arbeitsbreiten. Getreidefelder können schneller und effizienter als jemals zuvor abgeerntet werden.

Felder können heute mit einer Geschwindigkeit abgeerntet werden, von der man noch vor einem Jahrhundert nicht einmal zu träumen wagte. Ermöglicht wird dies durch den Einsatz großer Erntemaschinen wie Mähdrescher, Feldhäcksler und Schwadmäher.

Mähen und Dreschen mit Hightech

In den letzten Jahrzehnten haben sich die Mähdrescher rapide weiterentwickelt. Sie wurden größer, leistungsfähiger und arbeiten effizienter. Während vor 50 Jahren das Getreide oft noch auf der Maschine von Hand abgesackt wurde, kann heute im Mähbetrieb der Korntank auf parallel fahrende Anhänger oder Lastwagen innerhalb weniger Minuten entladen werden. Um effizient und rationell zu arbeiten, sind die Mähdrescher mit modernster Hightech ausgestattet. Dazu gehören Spurführungssysteme, die mit GPS oder Laser arbeiten, ein automatischer Hangausgleich, der das Dreschsystem waagerecht hält, eine Flächenmessung, eine elektronische Leistungsoptimierung und vieles mehr.

Selbstfahrende Feldhäcksler

Die Mähdrescher der obersten Leistungsklasse können, was die Größe betrifft, sicherlich als die Giganten der Felder bezeichnet werden. In Hinsicht auf die Motorisierung werden sie jedoch noch von anderen Maschinen übertroffen – nämlich von selbstfahrenden Feldhäckslern.

Feldhäcksler werden vor allem für die Ernte von Mais und Gras zum Zweck der Silage eingesetzt. In letzter Zeit wird das Erntegut nicht mehr nur als Viehfutter, sondern zunehmend auch als nachwachsender Rohstoff für Biogasanlagen und andere Zwecke verwendet. Auch sogenanntes Energieholz wird oft von Feldhäckslern, die mit einem speziellen Vorsatz ausgestattet sind, geschnitten und zerstückelt.

Wie von anderen Erntemaschinen wird auch von Feldhäckslern erwartet, dass sie immer „schlagkräftiger“ werden, das heißt, immer mehr Flächenleitung in einer bestimmten Zeit erbringen können. Aus diesem Grund wird auch die Motorleistung ständig nach oben

Ein exaktes Fahren ermöglichen automatische Spurführungssysteme und Lenkhilfen. Die Funktionen des Mähdreschers lassen sich von der Kabine aus elektronisch steuern und überwachen.

geschraubt. Gleichzeitig möchten die Betreiber der Maschinen einen sparsamen Betrieb, und die Gesetzgeber schreiben einen verringerten Schadstoffausstoß vor. Diesen Spagat zu vollbringen, gelingt den Herstellern mit dem Einsatz neuer Technologien wie der intelligenten Motorsteuerung, bei der die Motorleistung abhängig vom Bedarf nach oben oder unten angepasst wird. Eine möglichst große Umweltfreundlichkeit wird außerdem durch die SCR-Technologie, bei der die Abgase durch eine Harnstofflösung nachbehandelt werden, erreicht.

Feldhäcksler dieser Leistungsklasse werden vor allem von Lohnunternehmern eingesetzt. Sie können Maisfelder innerhalb kurzer Zeit häckseln.

Spezialisierte Mäher

Schwadmäher sind Mähgeräte, die das Mähgut in Schwaden ablegen können. Wie nicht anders zu erwarten, kommen selbstfahrende Schwadmäher dort zum Einsatz, wo große Flächen zu mähen sind, was vor allem auf die nordamerikanischen Farmen zutrifft. Im Englischen werden solche Maschinen „Windrower" oder „Swather" bezeichnet. Den ersten selbstfahrenden Schwadmäher brachte die Hesston Manufacturing Company in der kleinen Präriestadt Hesston auf den Markt. Der Fahrer dieses Fahrzeugs saß noch im Freien, war allerdings durch ein Dach vor den Sonnenstrahlen geschützt. Ein weiterer Pionier auf diesem Gebiet war Killbery in Kanada. Fast alle großen nordamerikanischen Landmaschinenhersteller brachten später ebenfalls eigene Modelle auf den Markt.

Die selbstfahrenden Schwadmäher, wie man sie in Nordamerika einsetzte, fanden in Europa jedoch kaum ein Einsatzfeld. Eine Ausnahme waren die großen kollektivierten landwirtschaftlichen Betriebe im Osten. 1970 begann der VEB Kombinat Fortschritt in Neustadt in Sachsen mit der Produktion des E 301, eines Schwadmähers mit einer Arbeitsbreite von 4,85 Metern und einem 50 PS starken Motor. Es folgte der 60 PS starke E 302-L, der das Halmfutter nicht nur mähen, sondern über ein Förderband gleich auf einen mitfahrenden Wagen verladen konnte. Der E 303 war ein Schwadmäher, der mit verschiedenen Schneidwerken ausgestattet werden konnte. Der Motor leistete 65 PS.

Mit dem selbstfahrenden Mähaufbereiter „Grasliner" trat Deutz-Fahr 1996 auf den Markt. Der Selbstfahrer war mit einem drei Meter breiten Scheibenmähwerk ausgestattet und bereitete das Grüngut mit mehreren Bürsten und Walzen auf. Der Unterschied zu den Schwadmähern bestand darin, dass der Mähaufbereiter auf die Grünguternte spezialisiert war, während die Schwadmäher mit unterschiedlichen Vorsätzen mit verschiedenem Erntegut arbeiten konnten.

Bereits 1997 löste Deutz-Fahr mit dem Grasant den Grasliner ab. Zur Ausstattung gehörte ein sechs Meter breites, klappbares Scheibenmähwerk. Der Motor erbrachte eine Leistung von 260 PS. Allerdings wurde bereits 2000 die Produktion des Grasant wieder eingestellt. Auch Claas und Krone brachten Mähaufbereiter auf den Markt. Diese Modelle werden weiter unten beschrieben. ◄

Auf den osteuropäischen Wiesen und Feldern waren die Fortschritt-Schwadmäher zu sehen. Selbstfahrende Schwadmäher kamen ansonsten vor allem in der nordamerikanischen Landwirtschaft zum Einsatz.

Das Entladen des Korntanks soll möglichst schnell vonstattengehen. Die Modelle der 230-Serie können deswegen optional mit einem Hochleistungsabtanksystem ausgestattet werden. Beim 7230 und beim 8230 kann damit die Abtankgeschwindigkeit von 113 auf 141 Liter pro Sekunde und beim 9230 sogar auf 159 l/s gesteigert werden.

TECHNISCHE DATEN

Typ	AF 9230
Motor	FPT (Turboladung, Ladeluftkühlung)
Zylinder	6
Hubraum	12.900 ccm
Motorleistung	571 PS (420 kW)
Nenndrehzahl	1.950 U/min
max. Arb.-Breite	10,7 m
Dreschaggregat	axiales Dreschsyst.
Abscheidung	Rotor
Schüttl./Rotoren	1
Korntankinhalt	12.330 l
Abtankgeschw.	113 l/s, a. W. 159 l/s
Getriebe	hydrostat. Fahrantr. m. 4-Gang-Getriebe
Länge (ohne Schneidwerk)	7.951 mm
Gewicht	17.800 kg

Geschichte: Auf der Agritechnica 2011 stellte Case IH zwei neue Baureihen von Mähdreschern vor. Die drei stärksten Modelle mit den Typenbezeichnungen AF 7230, AF 8230 und AF 9230 bilden die Baureihe 230. Das AF in der Typenbezeichnung steht für das Axial-Flow-System, mit dem die Erntemaschinen ausgestattet sind. Dabei handelt es sich um ein System, bei dem der Drusch und das Abscheiden durch einen Rotor vollzogen werden. Die drei Modelle der Baureihe 230 sind die größten und leistungsstärksten Mähdrescher, die unter dem Markennamen Case IH verfügbar sind.

Technik: Die mit Turboladern und Ladeluftkühlung ausgestatteten Motoren der 230-Serie können eine maximale Leistung von 449 PS beim 7230, von 516 PS beim 8230 und von 571 PS beim 9230 erbringen. Zu den Neuerungen gehört die Verwendung eines SCR-Katalysators, in dem die Abgase mit Harnsäure behandelt werden, was zu einer erheblichen Schadstoffreduzierung führt. Die drei Großmähdre-

Mit einer Schneidwerksbreite von bis zu 10,7 Metern können die Axial-Flow-Modelle 8230 und 9230 versehen werden. Das größte Schneidwerk für den AF 7230 ist 9,2 Meter breit. Die Mähdrescher können auch mit bis zu zwölf Reihen breiten Maispflückern ausgestattet werden.

scher können dadurch die Vorgaben der EU-Abgasstufe IIIB und der amerikanischen Abgasnorm Tier 4 i einhalten.

Ausstattung: Mähdrescher müssen oft lange Strecken zurücklegen, um an ihren Einsatzort zu gelangen. Dies ist vor allem bei Lohnunternehmern der Fall. In der Normalausführung sind die Mähdrescher der 230-Serie bis zu 20 Stundenkilometer schnell. Optional ist eine Ausführung der Modelle, die bis 30 km/h auf der Straße erzielen kann. Die Breite der Mähdrescher beträgt 349 Zentimeter. Die zulässige Breite von maximal 3,50 Metern für den Straßenverkehr wird damit nicht überschritten. Die Transporthöhe liegt bei 390 Zentimetern. ◀

Während der Ernte ist die Zeit knapp. Die Mähdrescher müssen auch im Einsatz sein, wenn es dunkel wird oder Wolken aufziehen. Die Erntemaschinen verfügen deswegen am Dach über leistungsstarke Scheinwerfer, die den Arbeitsbereich ausleuchten. Auch am Tank, am Abtankrohr und am Heck befinden sich Scheinwerfer.

Anstelle der Vorderräder können die Modelle der Baureihe 230 mit einem Raupenlaufwerk ausgestattet werden. Case IH besitzt auf diesem Gebiet eine langjährige Erfahrung durch den Einsatz von Raupenlaufwerken bei den Quadtrac-Traktoren. Eine weitere optionale Ausstattung ist eine angetriebene Hinterachse.

CHALLENGER 600B-SERIE

Der 680B ist das stärkste Modell der 600B-Serie. Der Kraftstofftank, der 870 Liter Diesel fassen kann, ermöglicht lange Einsätze, ohne dass eine Tankpause eingelegt werden muss. Die Länge des Großmähdreschers beträgt ohne das Schneidwerk 9,95 Meter. Der Wenderadius liegt bei 6,43 Metern.

Geschichte: Die zu AGCO gehörende Marke Challenger ist für ihre großen, leistungsstarken Mähdrescher, Traktoren und anderen Landmaschinen bekannt. Nicht ohne Grund lautet das Challenger-Motto „Serious Machinery“. Landtechnikgeschichte schrieb Challenger, als die Marke noch zu Caterpillar gehörte, durch die Einführung der großen Raupentraktoren. Nach der Übernahme durch AGCO wurden auch Mähdrescher mit in das Challenger-Produktprogramm aufgenommen. Motorenlieferant ist zum großen Teil weiterhin Caterpillar, die Ern-

TECHNISCHE DATEN

Typ	Challenger 680B
Motor	Caterpillar C13 ACERT
Zylinder	6
Hubraum	12.900 ccm
Motorleistung	459 PS (342 kW) (SAE)
Nenndrehzahl	2.100 U/min
max. Arb.-Breite	9,12 m
Dreschaggregat	axiales Dreschsyst.
Abscheidung	Rotor
Schüttl./Rotoren	1
Korntankinhalt	12.300 l
Abtankgeschw.	158 l/s
Getriebe	hydrostat. Fahrantr. m. 4-Gang-Getriebe
Länge (ohne Schneidwerk)	9.950 mm
Gewicht	17.101 kg

Dieses Bild zeigt einen 680B beim Abtanken. Der Korntank fasst bis zu 12.300 Liter und kann in 88 Sekunden entladen werden. Die Abtankgeschwindigkeit liegt bei 158 Litern pro Sekunde. Der Traktor in diesem Bild ist ebenfalls von Challenger, wurde aber im französischen Beauvais hergestellt.

Der 660B wird von einem Motor von AGCO Power, dem früheren Sisu, angetrieben. Der Mähdrescher verfügt über ein hydrostatisches Getriebe mit vier Fahrbereichen. Die Geschwindigkeit kann dadurch stufenlos den jeweiligen Bedingungen angepasst werden.

temaschinen selbst werden jedoch in der kleinen Stadt Hesston, im amerikanischen Bundesstaat Kansas, hergestellt.

Modelle: Die gelben Challenger-Mähdrescher trifft man kaum in Westeuropa an, sondern hauptsächlich auf den großen nordamerikanischen Feldern und seit der Öffnung des osteuropäischen Marktes auch bei der Ernte auf den ehemaligen staatlichen landwirtschaftlichen Betrieben in Russland, der Ukraine und anderen Ländern des früheren Ostblocks. Die Einführung der Challenger-Baureihe 600B erfolgte 2008. Es handelte sich dabei um die zweite Generation der 600-Serie. Die Baureihe setzte sich aus den drei Modellen 660B, 670B und 680B zusammen.

Technik: Das stärkste Modell der Baureihe, der Challenger 680B, ist mit einem 12,5 Liter großen und 425 PS starken Sechszylindermotor von Caterpillar ausgestattet. Die beiden anderen Modelle werden von AGCO-Power-Motoren mit ebenfalls sechs Zylindern und einem Hubraum von 8,4 Litern angetrieben. Die Leistung liegt bei 300 PS beim 660B und bei 350 PS beim 670B. ◂

Die Zeiten, in denen der Mähdrescherfahrer der Hitze und dem Staub ausgesetzt war, sind vorbei. Moderne Mähdrescher wie der Challenger 660B verfügen über eine Kabine mit Klimaanlage. Über ein Terminal können Einstellungen vorgenommen und Betriebsdaten abgefragt werden.

Dieser Lexion 670 häckselt das Stroh und verteilt es über die ganze Schnittbreite. Beim Häcksler handelt es sich um einen Rotor mit 88 Messern. Das zerkleinerte Stroh wird an den Radialverteiler weitergeführt, der für das Ausscheiden und Verteilen verantwortlich ist. Das gehäckselte Stroh kann später im Boden eingearbeitet werden.

TECHNISCHE DATEN

Typ	Lexion 670
Motor	Caterpillar C 9.3
Zylinder	6
Hubraum	9.300 ccm
Motorleistung	415 PS (305 kW)
Nenndrehzahl	1.900 U/min
max. Arb.-Breite	11,97 m
Dreschaggregat	Dreschtrommel (APS)
Abscheidung	Schüttler
Schüttl./Rotoren	6
Korntankinhalt	11.000 oder 10.000 l (Montana)
Abtankgeschw.	110 l/s
Getriebe	hydrostat. Fahrantr. m. 2-Gang-Getriebe, a. W. Allradantrieb
Länge (ohne Schneidwerk)	k. A.
Gewicht	14.800 kg

Geschichte: Das im ostwestfälischen Harsewinkel ansässige Unternehmen Claas ist der bedeutendste Mähdrescherhersteller in Europa, spielt aber auch weltweit eine wichtige Rolle unter den Produzenten von Erntemaschinen. Claas präsentierte 2005 die erste Lexion-600-Baureihe, die sich durch eine Arbeitsbreite von fast zwölf Metern und eine Korntankgröße von 12.000 Litern auszeichnete. Eine überarbeitete Baureihe stellte Claas mit den Lexion-Modellen 620, 630, 650, 660 und 670 vor.

Technik: Zu den technischen Besonderheiten der Lexion-600-Modelle gehört das APS-Dreschsystem. Bei diesem System läuft das Erntegut durch einen Vorbeschleuniger, der es beschleunigt und auseinanderzieht. Dies hat den Vorteil, dass das Erntegut gleichmäßiger verteilt

Der Korntank des Lexion 670 kann bis zu 11.000 Liter fassen. Manche Lexion-600-Modelle verfügen über kleine Korntanks. Die Entleerungsleistung kann bis zu 110 Liter pro Sekunde betragen. Durch ein Fenster in der Rückwand der Kabine kann der Fahrer das Erntegut überwachen.

Dieses Bild zeigt das Innenleben eines Lexion 600. Vom Schneidwerk wird das Schnittgut eingezogen und zum Beschleuniger befördert, der es der Dreschtrommel zuführt. Vom Dreschwerk kommt das Stroh auf die Hordenschüttler, wo die restlichen Körner ausgeschüttelt werden.

wird und dabei bereits bis zu 30 Prozent der Körner abgeschieden werden. Nach dem Vorbeschleuniger kommt das Erntegut in die Dreschtrommel und läuft anschließend über die Schüttlerhorden, von denen die Modelle 620 und 630 fünf und die Modelle 650, 660 und 670 sechs besitzen.

Ausstattung: Die Lexion-Modelle 630 und 670 sind optional in der Montana-Ausführung zu bekommen. Dabei handelt es sich um die Ausstattung mit einer Hangsteuerung, die bei Einsätzen auf abschüssigem Gelände hydraulisch die Seitenneigung bis zu 17 Prozent und die Längsneigung bis zu sechs Prozent ausgleicht. Eine weitere Ausstattungsoption ist das Terra-Trac-Raupenlaufwerk, mit dem der Lexion 670 ausgerüstet werden kann. Das Terra-Trac-Laufwerk bietet alle Vorteile moderner Gummibandlaufwerke und ermöglicht sogar eine Höchstgeschwindigkeit von 30 km/h. ◀

Auf ein Häckseln des Strohs wird bei dieser Getreideernte verzichtet, da es zur Weiterverwendung vorgesehen ist. Mit einem Schwader werden Schwaden erzeugt, die anschließend von einer Ballenpresse aufgenommen und in Quaderballen gepresst werden. Das Abernten eines Feldes kann dadurch in sehr kurzer Zeit geschehen.

Dieses Bild zeigt einen Lexion der 700-Serie mit dem Raupenlaufwerk Terra Trac. Das Dreschwerk befindet sich etwas versetzt unterhalb der Kabine. Im Rumpf sind die beiden Rotoren für die Restkornabscheidung eingebaut. Die Rotorabscheidefläche kann über einen Drehschalter von der Kabine aus verstellt werden.

TECHNISCHE DATEN

Typ	Lexion 780 Terra Trac
Motor	Mercedes-Benz OM 502 LA
Zylinder	8
Hubraum	16.000 ccm
Motorleistung	551 PS (405 kW)
Nenndrehzahl	1.900 U/min
max. Arb.-Breite	11,97 m
Dreschaggregat	Hybridsystem
Abscheidung	Rotor
Schüttl./Rotoren	2
Korntankinhalt	12.500 l
Abtankgeschw.	130 l/s
Getriebe	hydrostat. Fahrantr. m. 2-Gang-Getriebe, a. W. Allradantrieb
Länge (ohne Schneidwerk)	k. A.
Gewicht	17.950 kg

Diese beiden Lexion-Mähdrescher der Baureihe 700 stammen aus dem Claas-Werk in Omaha, im amerikanischen Bundesstaat Nebraska. Claas war mit Caterpillar ein Joint Venture zur Produktion von Mähdreschern in den USA eingegangen. Seit dem Ausstieg von Caterpillar 2002 baut Claas die Maschinen in Omaha alleine, verwendet aber weiterhin die gelbe Caterpillar-Farbe.

Geschichte: Die Lexion-Baureihe 700 setzt sich aus den stärksten Claas-Mähdreschern zusammen. Der Lexion 770 stellte 2011 einen Weltrekord im Weizendreschen auf. In acht Stunden konnte der Mähdrescher der Oberklasse 675,84 Tonnen Weizen dreschen. Zur Baureihe gehören der Lexion 750 mit 415 PS Nennleistung, der Lexion 760 mit 449 PS und der Lexion 770 mit 503 PS. 2012 kam mit dem Lexion 780 ein weiteres Modell zur Baureihe. Der Lexion 780 Terra Trac ist mit seinen 551 PS Nennleistung und 598 PS Maximalleistung der bislang stärkste Claas-Mähdrescher.

Technik: Die Modelle Lexion 750 und 760 werden von einem Caterpillar-Motor mit sechs Zylindern und einem Hubraum von 9,3 beziehungsweise 12,5 Litern angetrieben. Die Motoren der beiden stärkeren Modelle, Lexion 770 und 780, stammen von Mercedes-Benz. Diese Antriebsaggregate verfügen über acht Zylinder und einen Hubraum von 16 Litern.

Was die Lexion-Baureihe 700 von der 600-Serie unterscheidet, ist nicht nur die höhere Motorleistung, sondern das Hybridsystem. Die 700er-Lexion sind wie die 600er mit dem Beschleunigerdreschwerk ausgestattet. Anstelle der Hordenschüttler befinden sich in den 700ern jedoch zwei 4,2 Meter lange Rotoren, die für die Restkornabscheidung zuständig sind.

Varianten: Einige der Lexion-700-Modelle sind in verschiedenen Ausführungen erhältlich. Der Lexion 760 steht neben der Normalversion als 760 Montana für Arbeiten im hügeligen Gelände zur Verfügung. Mit dem Raupenlaufwerk Terra Trac gibt es neben der Radausführung die Modelle 760 und 770. Der Lexion 780 ist standardmäßig mit Terra Trac ausgestattet. ◂

Mit diesem Maispflücker können 16 Reihen gleichzeitig geerntet werden. Die Maisernte spielt in den USA und Kanada eine bedeutend größere Rolle als in Westeuropa. Dass sich der Lexion in diesem Bild in Nordamerika im Einsatz befindet, zeigt sich auch daran, dass der Mähdrescher wegen der Doppelbereifung zu breit für den europäischen Straßenverkehr wäre.

Dieser Xerion 770 ist mit dem Terra-Trac-Laufwerk ausgestattet. Zu den Vorteilen des Bandlaufwerks gehören die Bodenschonung und die verbesserte Traktion. Die Modelle der Lexion-700-Reihe können auf Wunsch auch mit einem Allradantrieb versehen werden, was ebenfalls zu einer verbesserten Traktion beiträgt.

Der Mähdrescherbau hat bei Deutz-Fahr eine lange Tradition. Außer Ködel & Böhm stellte auch die Firma Fahr in Gottmadingen, die heute noch im Markennamen Deutz-Fahr enthalten ist, Mähdrescher her. Bis 2002 wurden die Mähdrescher im ehemaligen Werk von Ködel & Böhm in Lauingen hergestellt.

Geschichte: Deutz-Fahr kann auf eine lange Geschichte im Mähdrescherbau zurückblicken. Ködel & Böhm, ein Vorläufer von Deutz-Fahr, war bereits vor dem Zweiten Weltkrieg einer der bedeutendsten Hersteller von Dreschmaschinen. 1955 stellte das Unternehmen den ersten selbstfahrenden Mähdrescher vor. In dem Werk in Lauingen, wo einst die Mähdrescher gebaut wurden, werden heute Deutz-Fahr-Traktoren gefertigt. Die Mähdrescherproduktion findet dagegen seit 2005 in Zupanja, Kroatien, statt. 2008 stellte Deutz-Fahr auf der Landtechnikmesse Eima in Bologna die beiden Modelle 7535 RTS und 7545 RTS vor. Aufgrund der ersten beiden Ziffern in der Typenbezeichnung nannte man die Baureihe 75 RTS. Deutz-Fahr startete somit nicht nur eine neue Serie großer Mähdrescher, sondern führte da-

TECHNISCHE DATEN

Typ	7545 RTS
Motor	Deutz TCD 2015
Zylinder	6
Hubraum	11.910 ccm
Motorleistung	450 PS (331 kW)
Nenndrehzahl	1.900 U/min
max. Arb.-Breite	7,20 m
Dreschaggregat	axiales Dreschsyst.
Abscheidung	Rotor
Schüttl./Rotoren	1
Korntankinhalt	9.000 l
Abtankgeschw.	90 l/s
Getriebe	hydrostat. Fahrantr. m. 3-Gang-Getriebe
Länge (ohne Schneidwerk)	8,66 m
Gewicht	16.000 kg

Ein Deutz-Fahr-Mähdrescher beim Abtanken. Der Wagen wird von einem in Lauingen gebauten Deutz-Fahr-Agrotron gezogen. Der Korntank eines 7546 RTS kann bis zu 9.000 Liter fassen. Das Entleeren des Tanks erfolgt mit einer Geschwindigkeit von 90 Litern pro Sekunde.

mit außerdem zum ersten Mal ein axiales Druschsystem ein. Die Abkürzung RTS steht dabei für „Rotary Threshing System“ (Rotationsdreschsystem).

Technik: Für die Antriebskraft in den beiden Mähdreschern sind V6-Aggregate des Kölner Motorenbauers Deutz zuständig. Beim 7535 RTS beträgt die Leistung 366 PS und beim 7545 RTS liegt sie bei 450 PS. Die zentrale Komponente des axialen Druschsystems ist ein Rotor mit einer Länge von 3,15 Metern und einem Durchmesser von 75 Zentimetern. Der Dreschkorb kann elektrisch verstellt werden.

Ausstattung: Die Modelle der 75-RTS-Reihe verfügen serienmäßig über einen zuschaltbaren Allradantrieb. Der hydrostatische Fahrantrieb verfügt über drei Fahrstufen. Die Höchstgeschwindigkeit beträgt 25 Stundenkilometer. ◂

Der 7545 RTS ist ein Mähdrescher der oberen Leistungsklasse, mit dem Deutz-Fahr das axiale Druschsystem einführte. Die Zielgruppe besteht zum größten Teil aus großen landwirtschaftlichen Betrieben und Lohnunternehmern. Nicht zuletzt der osteuropäische Markt bietet Einsatzgebiete für Mähdrescher dieser Größenordnung.

Nicht nur der Fahrantrieb des 7545 RTS, sondern auch der Antrieb des Rotors verfügt über ein hydrostatisches Getriebe. Beim Rotor kann man zwischen zwei Drehzahlbereichen wählen. Dadurch kann abhängig von der Fruchtart mit der optimalen Drehzahl gearbeitet werden. Außerdem kann die Drehrichtung des Rotors reversiert werden.

Dieser 9470 X befindet sich beim Gerste-Dreschen. Das Stroh kann gehäckselt oder in einem Schwad abgelegt werden. Der Schwad kann anschließend von einer Ballenpresse weiterverarbeitet werden. Falls man das Stroh zerkleinern möchte, kann der mit 108 Messern bestückte Hochleistungshäcksler zum Einsatz kommen.

Geschichte: Das in Marktoberdorf ansässige Unternehmen Fendt war vor allem durch seine Traktoren bekannt. Es schrieb Traktortechnikgeschichte durch die Einführung des stufenlosen Vario-Getriebes. Seit 1997 ist Fendt eine Marke des weltweit agierenden AGCO-Konzerns. Eine Folge der Übernahme durch AGCO war die Ausweitung des Produktprogramms, das nun auch Mähdrescher und andere Erntemaschinen umfasst. Die Mähdrescher wurden jedoch nicht in Marktoberdorf, sondern im dänischen Randers gefertigt. 2010 erfolgte der Umzug der Mähdrescherfertigung von Dänemark in das italienische Breganze.

Modelle: Seit 1998 werden mit dem Tangentialverfahren arbeitende

Die Motorentechnik hat auch bei den Mähdreschern große Fortschritte gemacht. Der moderne Dieselmotor des 9470 X verfügt über eine umweltfreundliche Abgasreinigung. In einem 103 Liter großen Trank wird die Harnstofflösung AdBlue mitgeführt. Der Kraftstofftank des Mähdreschers fasst 750 Liter Diesel.

TECHNISCHE DATEN

Typ	9470 X
Motor	AGCO SISU Power
Zylinder	7
Hubraum	9.800 ccm
Motorleistung	510 PS (375 kW)
Nenndrehzahl	k. A.
max. Arb.-Breite	9,20 m
Dreschaggregat	Hybridsystem
Abscheidung	Rotor
Schüttl./Rotoren	2
Korntankinhalt	10.500 l
Abtankgeschw.	110 l/s
Getriebe	hydrostat. Fahrantr. m. 4-Gang-Getriebe
Länge (ohne Schneidwerk)	8,266 m
Gewicht	16.730 kg

Dieses Bild zeigt die Hybridtechnik des 9470 X. Das Schnittgut wird vom Scheidwerk über den Schrägförderer zur Dreschtrommel transportiert. Hinter der Dreschtrommel ist die Wendetrommel platziert und dahinter befindet sich der Rotor-Feeder. Die beiden der Länge nach eingebauten Rotoren sind für die Restabscheidung zuständig.

Fendt-Mähdrescher verkauft. 2009 erfolgte eine Erweiterung des Angebots um die mit der Axialtechnik ausgestattete Baureihe R sowie um die Baureihe X, bei der es sich um einen Mähdrescher mit Hybridtechnik handelte. 2011 stellte Fendt mit dem 9470 X die neueste Generation der Hybrid-Reihe vor. Änderungen gegenüber dem Vorgänger betrafen Leistungssteigerungen und eine Verstärkung des Schneidwerksantriebs, der nun auch mit einem zwölfreihigen Maispflücker arbeiten kann.

Technik: Angetrieben wird der Fendt 9470 X von einem Siebenzylindermotor aus der Produktion des finnischen Herstellers AGCO Power. Die Abgase werden durch einen Diesel-Oxidations-Katalysator geleitet, wo Kohlenwasserstoff, Kohlenmonoxid und Rußpartikel entfernt werden. Anschließend erfolgt eine Behandlung der Stickoxide durch eine 32,5-prozentige Harnstofflösung, was eine Umwandlung in Stickstoff und Wasser zur Folge hat. ◀

Das Cockpit ist für einen Hochleistungsmähdrescher wie den 9470 X konzipiert. Es bietet dem Fahrer einen geräumigen und klimatisierten Arbeitsplatz. Die Glasflächen sind getönt und ermöglichen einen ungehinderten Blick auf das Schneidwerk. Die Hauptfunktionen für die Bedienung des Mähdreschers sind in der rechten Armlehne integriert.

Große Mähdrescher wie dieser Gleaner der S7-Serie befinden sich oft auch in der Dunkelheit im Einsatz. Gute Scheinwerfer, mit denen die Bereiche vor und hinter der Erntemaschine erhellt werden, sind eine Voraussetzung. Die Doppelbereifung an der Vorderachse dient dem bodenschonenden Einsatz.

Geschichte: Gleaner gehört zu den Namen, die in der Mähdreschergeschichte einen besonderen Platz haben. 1923 begannen die Brüder Baldwin im amerikanischen Bundesstaat Kansas damit, Fordson-Traktoren mit Mähdrescheraufbauten auszustatten. Sie schufen damit die ersten selbstfahrenden, von Verbrennungsmotoren angetriebenen Mähdrescher. Dies war der Ursprung der Marke Gleaner (to glean = auflesen, Nachlese halten). Gleaner wurde später von dem großen Landtechnikunternehmen Allis-Chalmers übernommen und ging schließlich in der Allis-Gleaner Corporation, kurz AGCO, auf. Die Gleaner-Mähdrescher sind vor allem auf dem nordamerikanischen Konti-

TECHNISCHE DATEN

Typ	S77
Motor	AGCO POWER 84 AWI
Zylinder	6
Hubraum	8.400 ccm
Motorleistung	370 PS (276 kW) (SAE)
Nenndrehzahl	2.100 U/min
max. Arb.-Breite	12,2 m
Dreschaggregat	Tangential-Rotor-Dreschsystem
Abscheidung	Rotor
Schüttl./Rotoren	1
Korntankinhalt	13.743 l
Abtankgeschw.	141 l/s
Getriebe	hydrostat. Fahrantr. m. 4-Gang-Getriebe
Länge (ohne Schneidwerk)	8,61 m
Gewicht	13.490 kg

Die Fahrer moderner Mähdrescher sitzen in Hightech-Cockpits. Die Technik kann den Fahrer bei der Arbeit unterstützen und die Effizienz steigern. Die S7-Mähdrescher können mit dem Auto-Guide von AGCO ausgestattet werden. Bei dieser Technik übernimmt ein GPS-gestütztes Spurführungssystem das Steuern und entlastet den Fahrer.

Dieses Bild zeigt einen Gleaner R66, einen der Vorgänger der S7-Modelle. Diese Mähdrescher waren bereits mit dem Tagential-Rotor-Dreschwerk ausgestattet. Der Rotor befindet sich hinter der Kabine. Das Reinigungssystem ist unterhalb des Rotors eingebaut.

nent bekannt. Produziert werden sie heute, wie die Challenger-Mähdrescher, in der Kleinstadt Hesston in Kansas.

Technik: Die Gleaner S7-Serie, die auch als Super-Serie bezeichnet wird, stellte AGCO 2010 als Nachfolger der R6-Serie vor. Die Baureihe besteht aus den Modellen S67 und S77. Die beiden S7-Modelle besitzen wie schon ihre Vorgänger eine technische Besonderheit. Sie sind weder mit einer herkömmlichen Dreschtrommel noch mit einem axialen System ausgestattet. Ihr Dreschsystem besteht aus einem Rotor, der transversal, also quer zur Fahrtrichtung, eingebaut ist. Der Vorteil dieses Dreschsystems besteht darin, dass der natürliche Fluss des Schnittguts nicht wie beim axialen System umgeleitet werden muss.

Ausstattung: Für den Antrieb der S7-Modelle ist ein AGCO-Motor mit sechs Zylindern und einem Hubraum von 8,4 Litern zuständig. Ein 568 Liter großer Kraftstofftank versorgt den Motor mit Diesel. Der Tank für das Mittel zur Nachbehandlung der Abgase ist 109 Liter groß. ◀

Dieser Gleaner S7 ist auf einem nordamerikanischen Maisfeld unterwegs. Die Gleaner-Mähdrescher können mit unterschiedlichen Erntevorsätzen ausgestattet werden. Dazu gehören Schneidwerke für die Getreideernte, Maisschneidwerke, Rapsvorbauten und Sonnenblumenschneidwerke.

Die Maispflückvorsätze der 600C-Reihe sind für die leistungsfähigsten Mähdrescher konzipiert. Der Vorsatz, mit dem das S-Modell in diesem Bild ausgerüstet ist, kann 16 Reihen Mais gleichzeitig ernten. Dies ermöglicht einen effizienten Einsatz des Großmähdreschers.

Geschichte: John Deere wurde im neunzehnten Jahrhundert als Pflughersteller bekannt. 1918 begann die Serienfertigung von Traktoren. Erst 1947 begann Deere & Company, wie das Unternehmen mit Hauptsitz in Moline im amerikanischen Bundesstaat Illinois eigentlich heißt, mit der Herstellung von Mähdreschern. Ab 1964 baute John Deere in Zweibrücken Mähdrescher, die vor allem für den europäischen Markt gedacht waren. 2007 führte John Deere mehrere neue Mähdrescherbaureihen ein, zu denen auch die S-Serie gehört. Vier neue Modelle der Baureihe stellte John Deere 2011 vor. Dazu gehörte der S690, einer der bisher stärksten gebauten Mähdrescher. **Technik:** Bei der S-Reihe setzt John Deere wie andere Hersteller von Großmähdreschern auf die Rotor-

TECHNISCHE DATEN

Typ	S690
Motor	John Deere PowerTech PSX
Zylinder	6
Hubraum	13.500 ccm
Motorleistung	551 PS (405 kW) (ECE R120)
Nenndrehzahl	2.100 U/min
max. Arb.-Breite	10,70 m
Dreschaggregat	axiales Dreschsyst.
Abscheidung	Rotor
Schüttl./Rotoren	1
Korntankinhalt	14.100 l
Abtankgeschw.	135 l/s
Getriebe	ProDrive-Automatikgetriebe
Länge (ohne Schneidwerk)	k. A.
Gewicht	15.636 kg

Zur Serienausstattung des S690 gehört das ProDrive-Automatikgetriebe. Dieses Getriebe schaltet selbstständig und ermöglicht so das Einhalten der Arbeitsgeschwindigkeit auch auf unebenem Gelände. Der Fahrer wird dadurch entlastet und kann sich auf andere Aufgaben konzentrieren.

Die S-Modelle können mit verschiedenen Reifen ausgestattet werden. Für den europäischen Markt werden die Mähdrescher so bereift, dass sie auf den Straßen unterwegs sein können. Zur optionalen Ausstattung gehören bei der S-Serie auch Raupenlaufwerke, mit denen eine maximale Transportbreite von 3,5 Metern nicht überschritten wird.

technik. Der Rotor besitzt eine Länge von 3.124 Millimetern und einen Durchmesser von 762 Millimetern. Die Drehzahl kann im Bereich von 210 bis 1.000 Umdrehungen pro Minute liegen.

Als Antriebsaggregate der S-Modelle dienen PowerTech-Motoren von John Deere. Die Sechszylindermotoren besitzen einen Hubraum von neun Litern bei den beiden kleineren Modellen sowie von 13,5 Litern beim S680 und beim S690. **Ausstattung:** Die Modelle S660 sowie S670 sind mit einem 10.600 Liter großen Korntank ausgestattet. 14.100 Liter an Erntegut können die beiden größeren Modelle aufnehmen. Diese beiden S-Mähdrescher sind auf Wunsch in der Ausführung „HillMaster" mit Hangausgleich erhältlich. In dieser Version besitzen sie einen ebenfalls 10.600 Liter fassenden Korntank. Das Entladen kann bei den beiden stärkeren Modellen in Normalausführung mit bis zu 135 Litern pro Sekunde erfolgen, bei den kleineren Modellen sowie bei der HillMaster-Version liegt dieser Wert bei 120 Litern pro Sekunde. Das Entleeren eines vollen Tanks kann in der erstaunlich kurzen Zeit von 105 Sekunden stattfinden. ◂

Mit der S-Serie führte John Deere eine Baureihe für die höchsten Ansprüche ein. Dies betraf nicht nur die Leistung, sondern auch andere technische Ausstattungen, wie das optionale Spurführungssystem AutoTrac und die Premium-Komfortkabine, die ein entspanntes Arbeiten ermöglicht.

Der Rotor der Fortia-Mähdrescher verfügt über einen hydrostatischen Antrieb. Die Drehzahl kann stufenlos geregelt werden. Eine Überwachungsautomatik sorgt dafür, dass die Drehzahl unabhängig von der Last konstant gehalten und dadurch ein effizienter Drusch- und Abscheidevorgang gewährleistet wird.

Geschichte: Massey Ferguson war ein Unternehmen, das 1953 aus der Fusion des kanadischen Landtechnikunternehmens und Mähdrescherbauers Massey-Harris mit dem britischen Traktorhersteller Ferguson hervorgegangen war. 1993 war Massey Ferguson Teil des aufstrebenden AGCO-Konzerns geworden und ist seitdem eine der wichtigsten Marken des Global Players.

Modelle: 2008 brachte Massey Ferguson eine Reihe großer Mähdrescher auf den Markt. Für den nordamerikanischen Markt bekamen diese Modelle die Bezeichnung 9005-Reihe. Als Fortia-Reihe wer-

Die Fortia-Modelle sind für lange Arbeitstage konzipiert. Damit sich der Fahrer an seinem Arbeitsplatz wohl fühlt, verfügen die Mähdrescher über Kabinen, die zu den geräumigsten und komfortabelsten auf dem Markt gehören. Zur Standardausstattung gehört die Klimaanlage, die bei Hitze und Kälte für die richtige Temperatur sorgt.

TECHNISCHE DATEN

Typ	MF 9895
Motor	Caterpillar C13 ACERT
Zylinder	6
Hubraum	12.500 ccm
Motorleistung	459 PS (342 kW)
Nenndrehzahl	2.100 U/min
max. Arb.-Breite	12,19 m
Dreschaggregat	axiales Dreschsyst.
Abscheidung	Rotor
Schüttl./Rotoren	1
Korntankinhalt	12.300 l
Abtankgeschw.	158 l/s
Getriebe	hydrostat. Fahrantr. m. 4-Gang-Getriebe
Länge (ohne Schneidwerk)	9,95 m
Gewicht	17.101 kg

Dieser Massey Ferguson 9895 ist mit einem Schneidwerk der Serie MF 8200 Flex ausgestattet. Das Schneidwerk kann eine Breite von 7,62, 9,14 oder 10,7 Metern besitzen. Der Mähdrescher kann nach Bedarf mit anderen Vorsätzen ausgerüstet werden. Dazu gehört ein Maisvorsatz, der zwölf Reihen aufnehmen kann.

den sie in Europa vertrieben. Unterschiede zwischen den 9005ern und den Fortia-Modellen bestehen hinsichtlich der Anpassungen, die vorgenommen wurden, um den europäischen Bestimmungen zu genügen. Produktionsstandort der Fortia-Mähdrescher ist Hesston in Kansas. Während man bei den kleineren Massey-Ferguson-Baureihen auf Dreschtrommeln als Dreschaggregate setzte, hatte man sich bei den großen Maschinen wie den Fortia-Modellen für das Axialverfahren mit einem 3.556 Millimeter langen Rotor entschieden.

Technik: Von Caterpillar wird der Motor des Fortia 9895, des stärksten Mitglieds der Baureihe, geliefert. Mit seinen sechs Zylindern und dem 12,5 Liter großen Hubraum erzielt der 9895 eine Leistung von 425 PS. Die beiden kleineren Modelle sind mit Sechszylinderaggregaten von AGCO Power ausgestattet. Der Hubraum hat bei diesen Modellen eine Größe von 8,4 Litern. Die Motorleistung beträgt beim 9695 330 PS und beim 9795 380 PS. 870 Liter fasst der Kraftstofftank des 9895. Über einen 605 Liter großen Tank verfügen die anderen Modelle. ◂

Das Massey-Ferguson-Modell 9895 ist mit einem 12.300 Liter großen Korntank ausgestattet. 10.570 Liter Erntegut passen in den Korntank des MF 9695. Das Abtanken erfolgt bei allen drei Modellen mit einer Geschwindigkeit von etwa 158 Litern pro Sekunde. Nach ungefähr 88 Sekunden ist der Tank entleert.

Der automatische Hangausgleich hält den MF 9280 auf unebenem Gelände in waagrechter Position. Das Dresch- und Abscheidesystem arbeitet dadurch weiterhin mit dem größtmöglichen Wirkungsgrad. Ein Massey-Ferguson-Traktor der 8600-Reihe fährt zum Entladen neben dem Mähdrescher. Das Abtanken erfolgt mit einer Geschwindigkeit von 110 Litern pro Sekunde.

Geschichte: 2009 stellte Massey Ferguson die Delta-Reihe auf der Agritechnica in Hannover vor. Der neue große Mähdrescher mit dem Hybrid-Dreschsystem sollte für die Ernte 2011 zur Verfügung stehen. Der Delta 9280 war vorerst das einzige Modell der Baureihe. Er wird gleichzeitig im grünen Lack als Fendt 9460 X angeboten werden. Hergestellt wird die Erntemaschine im italienischen Breganze.

Technik: Zum Hybridsystem des MF 9280 gehört eine Dreschtrommel mit einem Durchmesser von 60 Zentimetern und einer Breite von 168 Zentimetern. Die Trommel, deren Gewicht bei über 300 Kilogramm liegt, findet auch bei der mit einem herkömmlichen Dreschsys-

TECHNISCHE DATEN

Typ	MF 9280
Motor	AGCO Sisu Power e3 SCR
Zylinder	7
Hubraum	9.800 ccm
Motorleistung	500 PS (368 kW) (inkl. 34 PS Boost)
Nenndrehzahl	k. A.
max. Arb.-Breite	9,20 m
Dreschaggregat	Hybridsystem
Abscheidung	Rotor
Schüttl./Rotoren	2
Korntankinhalt	10.500 l
Abtankgeschw.	110 l/s
Getriebe	hydrostat. Fahrantr. m. 4-Gang-Getriebe
Länge (ohne Schneidwerk)	8,266 m
Gewicht	16.510 kg

Ein Siebenzylindermotor von AGCO Sisu Power ist für den Antrieb des MF 9280 verantwortlich. Die Leistung liegt bei 466 PS. Mit Power-Boost kann beim Entleeren eine Leistung von 500 PS erzielt werden. Für einen umweltfreundlichen Betrieb sorgt die SCR-Technologie, bei der die Abgase nachbehandelt werden.

Dieses Schnittbild zeigt das Innenleben des Delta-Mähdreschers. Bei der ersten Walze von links handelt es sich um die Dreschtrommel, unter der sich der 1,18 Quadratmeter messende Dreschkorb befindet.
Der Abstand zwischen Trommel und Korb kann bis zu 40 Millimeter betragen. Hinter dem Dreschaggregat liegen die beiden Rotoren zur Restabscheidung.

tem ausgestatteten Centora-Reihe Verwendung. Im Vergleich zu früheren Ausführungen erzielt das Dreschwerk eine höhere Durchsatzrate. Hinter dem Dreschwerk wird das Erntegut vom Rotor-Feeder geteilt und den beiden Hochleistungs-Abscheiderotoren zugeführt. Die Rotoren sind 4,2 Meter lang und haben einen Durchmesser von 475 Millimetern. Auf den Rotoren befinden sich spiralförmig angeordnete Finger, die das Erntegut auflockern und für die Restkornabscheidung sorgen. Die Rotordrehzahl kann im Bereich von 360 bis 1.000 Umdrehungen pro Minute liegen.

Variante: Neben der Normalversion ist der MF 9280 auch in der AutoLevel-Ausführung mit einem automatischen Hangausgleich verfügbar. Mit dieser Technik wird ein Gefälle von bis zu zwölf Prozent automatisch ausgeglichen. Der Korntank des MF 9280 AL ist mit einer Größe von 9.500 Litern etwas kleiner als bei der Normalausführung. Außerdem bringt der Mähdrescher mit Hangausgleich mehr Kilogramm auf die Waage. ◂

Der MF 9280 ist mit Korntankabdeckungen ausgestattet. Die Klappen lassen sich von der Kabine aus über das Terminal öffnen und schließen. Bei einsetzendem Regen oder beim Fahren unter Bäumen kann das Erntegut durch das Schließen der wasserdichten Abdeckungen vor Regen oder Verunreinigungen geschützt werden.

Für die CX8000-Modelle stehen verschieden große Getreideschneidwerke zur Verfügung. Beim CX8090 kann die Schneidwerksbreite im Bereich von 5,18 bis 9,15 Metern liegen. Für den CX8030 gibt es Schneidwerke mit einer Breite von 3,96 bis 6,10 Metern. Neben den Standardschneidwerken sind auch spezielle Vorsätze verfügbar.

TECHNISCHE DATEN

Typ	CX8090
Motor	Iveco Cursor 10
Zylinder	6
Hubraum	10.300 ccm
Motorleistung	455 PS (335 kW) (ECE R120)
Nenndrehzahl	2.000 U/min
max. Arb.-Breite	9,15 m
Dreschaggregat	Dreschtrommel
Abscheidung	Schüttler
Schüttl./Rotoren	6
Korntankinhalt	10.500 l
Abtankgeschw.	110 l/s
Getriebe	hydrostat. Fahrantr. m. 4-Gang-Getriebe
Länge (ohne Schneidwerk)	9,07 m
Gewicht	14.000 kg

Geschichte: Die New-Holland-Mähdrescher haben sowohl einen europäischen als auch einen amerikanischen Ursprung. Der Name New Holland leitet sich von der Kleinstadt im US-Bundesstaat Pennsylvania her, in der 1895 der Grundstein für eines der bedeutendsten amerikanischen Landtechnikunternehmen gelegt wurde. 1964 übernahm Sperry New Holland, wie das Unternehmen mittlerweile hieß, den belgischen Mähdrescherpionier Claeys. Durch die Übernahme bekam New Holland nicht nur ein europäisches Standbein, sondern erwarb auch das technische Knowhow eines bedeutenden Mähdrescherherstellers. Heute ist New Hol-

Die beiden größten Modelle der Baureihe, der CX8080 und der CX8090, besitzen einen 10.500 Liter fassenden Korntank. 9.000 Liter ist der Korntank der Modelle CX8040, CX8050, CX8060 und CX8070 groß. 7.600 Liter fasst der Korntank des CX8030. Das Abtanken geht bei allen Modellen mit einer Geschwindigkeit von 110 Litern pro Sekunde vor sich.

Das Stroh wird hier gehäckselt und auf dem Acker verteilt. Die CX8000-Mähdrescher verfügen über Strohhäcksler mit vier bis sechs Messerreihen. Bei einer Messerdrehzahl von 3.500 Umdrehungen pro Minute wird das Erntegut fein gehäckselt. Verstellbare Leitbleche sorgen für eine Verteilung des Häckselguts auf die gesamte Schnittbreite.

land eine Marke von CNH Global N. V. und gehört damit zu Fiat Industrial.

Modelle: New Holland führte die ersten Modelle der CX8000-Reihe bereits 2006 ein. Die CX8000-Modelle werden manchmal als „konventionelle" Mähdrescher bezeichnet, weil das Dreschen mit einer Trommel erfolgt und die Restkornabscheidung von Hordenschüttlern vorgenommen wird. Die CX8000-Modelle zählen aufgrund ihrer Leistungsfähigkeit zur Oberklasse. Hergestellt werden sie im belgischen Zedelgem, wo einst die Claeys-Mähdrescher produziert wurden.

Technik: Die Motoren der meisten CX-Modelle stammen vom ebenfalls zu Fiat gehörenden Iveco-Konzern. Das stärkste Modell, der CX8090, verfügt über eine Maximalleistung von 455 PS und eine Bruttoleistung von 405 PS. Ein Kraftstofftank, der 1.000 Liter Diesel aufnehmen kann, sorgt dafür, dass man lange arbeiten kann, ohne tanken zu müssen. Über den IntelliView-Monitor kann sich der Fahrer über den Kraftstoffverbrauch informieren. ◄

Ein exaktes Arbeiten ist wichtig. Deshalb können die Maschinen mit dem SmartSteer-System ausgerüstet werden. Dabei handelt es sich um einen Laserscanner, der auf dem Kabinendach montiert ist und zwischen geschnittenem und ungeschnittenem Erntegut unterscheiden kann. Alternativ dazu gibt es die Automatiklenkung IntelliSteer.

Dieses Bild zeigt einen CR9060, der in der neuesten Ausführung mit einem 9.500 Liter großen Korntank ausgestattet ist. Die Abtankgeschwindigkeit konnte gegenüber den vorhergehenden Versionen weiter gesteigert werden. Sie beträgt bei allen CR9000-Modellen 110 Liter pro Sekunde. Außerdem sind alle Modelle mit einem neu entwickelten Abtankrohr versehen.

Geschichte: New Holland besitzt eine lange Erfahrung in der Rotortechnik. Bei der CR9000-Reihe, die 2006 auf den Markt kam, hatten die New-Holland-Techniker auf diese Erfahrung aufgebaut. Die Mähdrescher verfügen über zwei Rotoren, die für den Drusch und die Abscheidung zuständig sind. 2008 erfolgte die Einführung des größten Modells der Baureihe, des CR9090 Elevation. Dieses Modell setzt hinsichtlich der Leistungsfähigkeit neue Maßstäbe. Im September 2008 erntete ein CR9090 innerhalb von acht Stunden 551 Tonnen Getreide und stellte mit diesem Wert einen Weltrekord auf.

TECHNISCHE DATEN

Typ	CR9090 Elevation
Motor	Iveco Cursor 13TCD
Zylinder	6
Hubraum	12.900 ccm
Motorleistung	591 PS (435 kW) (ECE R120)
Nenndrehzahl	2.000 U/min
max.Arb.-Breite	10,70 m
Dreschaggregat	axiales Dreschsyst.
Abscheidung	Rotor
Schüttl./Rotoren	2
Korntankinhalt	12.500 l
Abtankgeschw.	126 l/s
Getriebe	hydrostat. Fahrantr. m. 4-Gang-Getriebe
Länge (ohne Schneidwerk)	9,97 m
Gewicht	16.700 kg

Die Aufnahme von Fremdkörpern bei der Ernte kann Schäden verursachen. Deswegen sind die CR9000-Modelle mit einem automatischen Fremdkörperschutz ausgerüstet. Falls beispielsweise ein Stein in die Maschine gelangt, wird er von Sensoren erkannt und durch eine Klappe entsorgt. Auf diese Weise werden die Dreschelemente geschützt.

Die CR9000-Mähdrescher können mit unterschiedlichen Vorsätzen ausgerüstet werden. Dazu gehören mehrere Schneidwerke für die Getreideernte. Für die Maisernte gibt es Maispflücker mit acht oder zwölf Reihen. Der CR9060 in diesem Bild nimmt mit einer Pickup das vorher von einer anderen Maschine geschnittene Erntegut auf.

Technik: Verantwortlich für die hohe Durchsatzleistung der CR9000-Modelle ist zum einen die Twin-Rotor-Technik. Jeder der beiden Rotoren ist 2.638 Millimeter lang. Der Durchmesser beträgt bei den größeren Modellen 559 Millimeter. Als Antriebsgeneratoren fungieren Motoren von Iveco. Der CR9090 ist mit einem 12,9 Liter großen Aggregat ausgestattet, das eine Höchstleistung von 591 PS und eine Bruttoleistung von 544 PS erbringt. Der Kraftstofftank des Mähdreschers kann 1.160 Liter Diesel aufnehmen.

Ausstattung: Der Korntank des CR9090 gehörte mit einem Volumen von 12.500 Litern zu den größten, die bei Mähdreschern verwendet werden. Bei den anderen Modellen der Baureihe wurde der Tank im Vergleich zu früheren Ausführungen vergrößert. 11.500 Liter Erntegut finden beim CR9080 und beim CR9070 Platz. Beim CR9060 ist der Korntank 9.500 Liter groß. Das Abtanken kann mit einer Geschwindigkeit von 110 Litern pro Sekunde vor sich gehen. ◀

Die Dichte des Ernteguts auf einem Feld kann schwanken, weswegen auch die Arbeitsgeschwindigkeit dementsprechend angepasst werden muss. Die CR9000-Modelle können mit IntelliCruise ausgestattet werden. Der automatische Durchsatzregler erfasst die Bestandsdichte und passt die Fahrgeschwindigkeit entsprechend an.

In den Korntank des Torum 740 passen bis zu 12.000 Liter Erntegut. Es ist auch eine Version mit einem 10.500 Liter großen Tank verfügbar. Das Entladen erfolgt mit einer Geschwindigkeit von 105 Litern pro Sekunde. Das Abtanken kann von der Kabine aus überwacht werden.

TECHNISCHE DATEN

Typ	Torum 740
Motor	Mercedes-Benz OM 460 LA L6
Zylinder	6
Hubraum	12.816 ccm
Motorleistung	490 PS (360 kW)
Nenndrehzahl	2.000 U/min
max. Arb.-Breite	9 m
Dreschaggregat	axiales Dreschsyst.
Abscheidung	Rotor
Schüttl./Rotoren	1
Korntankinhalt	12.000 l
Abtankgeschw.	105 l/s
Getriebe	hydrostat. Fahrantr. m. 3-Gang-Getriebe
Länge (ohne Schneidwerk)	8,93 m
Gewicht	16.350 kg

Geschichte: Das im südrussischen Rostow beheimatete Unternehmen Rostselmash ist der größte Landmaschinenhersteller Russlands. Der Betrieb wurde 1929 gegründet und baute 1931 den ersten Mähdrescher. 1969 lief der millionste und 1984 bereits der zweimillionste Mähdrescher von den Produktionsbändern in Rostow. 1992 begann die Privatisierung des Unternehmens. Rostselmash exportiert heute Landmaschinen unter dem Firmennamen in 14 Länder. Dabei handelt es sich vor allem um Staaten des ehemaligen Ostblocks und frühere Republiken der Sowjetunion. Im Westen schrieb Rostselmash 2007 Schlagzeilen durch die Übernahme des kanadischen Unternehmens Buhler

Für die Getreideernte stehen mehrere Schneidwerke zur Verfügung. Die Arbeitsbreite kann mit diesen Vorsätzen sechs, sieben oder neun Meter betragen. Außerdem können die Torum-Maschinen mit Pickups mit einer Breite von drei oder vier Metern ausgerüstet werden.

Auch die Torum-Mähdrescher bieten, wie moderne landwirtschaftliche Fahrzeuge, eine komfortable Kabine. Eine Klimaanlage und eine Heizung sorgen für angenehme Temperaturen. Damit sich der Fahrer an langen Arbeitstagen selbst versorgen kann, gehört ein Kühlschrank zur Standardausstattung.

Industries, dessen leistungsstarke Versatile-Traktoren in Nordamerika eine große Bekanntheit besitzen.

Modelle: Rostselmash bringt mehrere Mähdrescherbaureihen auf den Markt. Die Oberklasse der Mähdrescher vertritt die 2009 eingeführte Torum-Reihe. Der Torum 740 wird in mehreren Varianten angeboten. Eine Ausführung wird von einem Mercedes-Benz-Motor angetrieben und kann eine Leistung von 490 PS vorweisen. Eine andere Ausführung verfügt über einen Motor des russischen Herstellers JSC „Autodiesel“ und erbringt 400 PS Leistung. Auf dem Torum basiert auch der Versatile RT490, der ebenfalls 490 PS stark ist, als Antrieb jedoch einen Motor von Cummins besitzt.

Technik: Die Torum-Maschinen arbeiten mit einer Version des Axialverfahrens, dem „Advanced Rotor System“ (ARS). Das ARS wurde dem internationalen Publikum erstmals 2005 auf der Landtechnikmesse Sima in Paris vorgestellt und erhielt dort von der Jury eine Silbermedaille für die innovative Technik. Der Vorteil dieses Druschsystems besteht darin, dass sich Teile des Abscheidekorbs, in dem sich der Rotor befindet, gegen die Drehrichtung des Rotors bewegen und sich dadurch das Erntegut auf die ganze Rotor- und Abscheidefläche verteilt, was ein effizienteres Abscheiden zur Folge hat. ◀

Der Versatile RT490 basiert auf dem Torum 740. Rostselmash-Mähdrescher lassen sich auf dem amerikanischen Markt leichter unter dem bekannten Namen Versatile vertreiben. Im Gegenzug werden Versatile-Traktoren in Russland vertrieben und mittlerweile sogar hergestellt.

Mit einer Länge von etwa 6,5 Metern sind Feldhäcksler wie dieser Jaguar 960 zwar nicht so groß wie Mähdrescher, aber mit den stärksten Motoren, die in Landmaschinen eingebaut werden, ausgerüstet. Der V-8-Motor dieses Fahrzeugs erbringt 653 PS bei 1.800 Touren.

Geschichte: Claas ist einer der führenden Hersteller selbstfahrender Feldhäcksler und besitzt eine lange Erfahrung in diesem Bereich. „Jaguar" war die Bezeichnung für die Selbstfahrer bereits seit 1973. 1994 konnte Claas den zehntausendsten Feldhäcksler dieser Art verkaufen. Mit der Baureihe „Jaguar 900" erfolgte 2000 die Einführung der bisher stärksten Modelle. 2007 gingen die Modelle Jaguar 950 bis 980 an den Start. Der dreißigtausendste Jaguar konnte 2011 verkauft werden.

TECHNISCHE DATEN

Typ	Jaguar 980
Motor	MAN D2862
Zylinder	12
Hubraum	24.230 ccm
Motorleistung	884 PS (650 kW) (ECE R 120)
Nenndrehzahl	1.900 U/min
max. Breite	
Maisgebiss	12 Reihen/9 m
Pickup	3,80 m
Messertrommel	
Breite	750 mm
Durchmesser	630 mm
Messer (max.)	36
Getriebe	hydrostat. Fahrantr. m. 2-Gang-Getriebe, a. W. Allradantrieb
Höchstgeschw.	40 km/h
Länge (ohne Vorsatzgerät)	6,535 m
Gewicht	13.180 kg

Mit der Pickup nimmt dieser Jaguar 980 das bereits gemähte Gras auf und häckselt die Futterpflanze. Über den Auswurfkrümmer wird das Häckselgut auf den Wagen befördert. Der Auswurfkrümmer kann eine Höhe von über sechs Metern haben. Ein Silage-Additiv kann über den Auswurfbeschleuniger beigefügt werden.

Das Maisgebiss ist der am häufigsten gebrauchte Vorsatz für einen Feldhäcksler. Die Jaguar-Modelle können jedoch auch mit anderen Vorsätzen ausgestattet werden. Dazu gehören ein Maispflücker, ein Scheibenmähwerk mit einer Breite von bis zu sechs Metern und eine Pickup für bereits geschnittenes Erntegut.

Technik: Das stärkste Modell der Jaguar-900-Reihe ist der Jaguar 980, der mit einem Zwölfzylinder-V-Motor von MAN ausgestattet ist und eine Leistung von 884 PS vorweisen kann. Der Hubraum ist 24 Liter groß. Ebenfalls mit einem MAN-Motor ist der 775 PS starke Jaguar 970 ausgestattet. Von Mercedes-Benz stammen die Motoren der anderen Modelle, die ein Leistungsspektrum von 428 bis 653 PS abdecken. 1.350 Liter Kraftstoff können die Tanks der fünf größten Jaguar-Modelle aufnehmen.

Ausstattung: Über einen Schnellkuppler lassen sich Maisgebisse leicht mit dem Feldhäcksler verbinden. Es stehen Gebisse mit einer Breite von 4,50, 6, 7,50 und bei den größeren Modellen von 9 Metern zur Verfügung. Mit dem größten Gebiss können zwölf Reihen Mais gleichzeitig gehäckselt werden. Um Schwaden aufzunehmen, können an die Jaguar-Modelle Pickups mit einer Breite von drei oder 3,80 Metern angebaut werden. Ebenfalls eine Auswahl besteht bei der Ausstattung mit Messertrommeln, die mit 20, 24, 28 oder 36 Messern bestückt sein können. ◀

Dieser Claas Jaguar arbeitet mit einem Direct-Disc-Vorsatz, bei dem es sich um ein Scheibenmähwerk handelt. Mithilfe einer Paddelwalze wird das Schnittgut zur Einzugsschnecke befördert und von dort zum Häcksler weitergeleitet. Das Häckselgut wird entweder als Tierfutter oder zur Erzeugung von Biogas genutzt.

Für den Fendt Katana stehen Maisvorsätze für zehn oder zwölf Reihen zur Verfügung. Die Arbeitsbreite kann bis zu neun Meter betragen. Die Schnitthöhe kann von der Kabine aus über einen Touchscreen-Monitor vorgewählt werden. Der eingestellte Wert wird automatisch mithilfe eines Sensors eingehalten.

TECHNISCHE DATEN

Typ	Katana 65
Motor	Mercedes Benz OM 502 LA
Zylinder	8
Hubraum	15.928 ccm
Motorleistung	653 PS (480 kW) (ECE R 120)
Nenndrehzahl	1.800 U/min
max. Breite	
Maisgebiss	12 Reihen/9 m
Pickup	3 m
Messertrommel	
Breite	800 mm
Durchmesser	720 mm
Messer (max.)	28
Getriebe	hydrostat. Fahrantr., Allrad
Höchstgeschw.	20 oder 40 km/h
Länge (ohne Vorsatzgerät)	8,21 m
Gewicht	14.400 kg

Geschichte: Im September 2010 stellte Fendt mit dem Katana 65 nach mehrjähriger Entwicklungsarbeit zum ersten Mal offiziell einen selbstfahrenden Feldhäcksler vor. Die Serienproduktion begann jedoch erst im folgenden Jahr im neuen Werk in Hohenmölsen, in Sachsen-Anhalt. Wie es der Premium-Marke des AGCO-Konzerns gebührt, handelte es sich dabei um eine Landmaschine der Oberklasse. Die Zahl 65 in der Typenbezeichnung steht für die ungefähre Motorleistung, die bei 653 PS liegt. „Katana" kommt aus dem Japanischen und bedeutet ein scharfes, stabiles Langschwert.

Der Auswurfbogen des Katana lässt sich um 210 Grad schwenken. Dies hat den Vorteil, dass der Traktor mit dem Anhänger seitlich oder auch hinter dem Häcksler fahren kann. Am Auswurfbogen kann außerdem eine Kamera angebracht werden, mit deren Hilfe der Fahrer den Füllstand des Transportfahrzeugs überprüfen kann.

Die Pickup des Katana verfügt über eine Breite von drei Metern. Über zwei Tasträder passt sich die Pickup automatisch den Bodenunebenheiten an. Dadurch geht selbst bei hohen Geschwindigkeiten vom geschnittenen und geschwaderten Grünfutter kaum etwas verloren.

Technik: Ausgestattet ist der Katana 65 mit der größten Häckseltrommel, die zurzeit in den Selbstfahrern eingebaut ist. Sie hat einen Durchmesser von 720 Millimetern und eine Breite von 800 Millimetern. Bestückt ist das Häckselaggregat mit 28 Messern, die das Erntegut in einer Länge von vier bis 42 Millimetern zerstückeln können. Die Einstellung der Häckseltrommel kann stufenlos von der Kabine aus vorgenommen werden. Der V-8-Motor wird von Mercedes-Benz geliefert. Er besitzt einen Hubraum von 16 Litern und verfügt über Abgasnachbehandlung, was einen schadstoffarmen Betrieb ermöglicht. Aus einem 1.100 Liter fassenden Tank wird der Motor mit Diesel beliefert.

Ausstattung: Wie die meisten großen Fahrzeuge, bei denen es nicht so sehr auf Geschwindigkeit oder Zugleistung ankommt, ist der Katana mit einem hydrostatischen Fahrantrieb ausgerüstet. Der Allradantrieb gehört zur Serienausstattung. Die Höchstgeschwindigkeit kann im Feldmodus bei 20 und auf der Straße bei 40 km/h liegen. Die hintere Achse, bei der es sich um die Lenkachse handelt, ist hydraulisch gefedert, was zu einer ruhigen Fahrt auf Feld und Straße beiträgt.Bei der Bereifung besteht eine große Auswahl. Die Transportbreite beträgt höchstens 349 Zentimeter. ◂

Im hinteren Teil des Katana befindet sich der Motor, der im Power-Modus bei hoher Beanspruchung und im Eco-Modus für Arbeiten mit niedriger Drehzahl betrieben werden kann. Über einen Riemen werden die Häckseltrommel und das Wurfgebläse im vorderen Teil angetrieben. Ganz vorne sieht man die Vorpresswalzen.

JOHN DEERE 7080-REIHE

Der John Deere 7780 steht auf einem abgeernteten Feld. Ein Sechszylindermotor von John Deere, der bei 1.900 Touren eine Leistung von 625 PS erbringt, ermöglicht eine hohe Tagesleistung. Da mit den Feldhäckslern der 7080-Reihe häufig in der Dunkelheit gearbeitet wird, können sie mit Xenon- und Halogen-Arbeitsscheinwerfern ausgerüstet werden.

Geschichte: John Deere stieg bereits früh in die Produktion von Feldhäckslern ein, da der Hauptsitz des Unternehmens in den USA liegt, wo der Maisanbau eine lange Geschichte hat. 1972 führte John Deere die ersten selbstfahrenden Feldhäcksler ein. Heute werden die Maschinen in Zweibrücken, in Rheinland-Pfalz, hergestellt. 2012 stellte John Deere die neueste Generation der Selbstfahrer aus Zweibrücken vor.

TECHNISCHE DATEN

Typ	John Deere 7980
Motor	Cummins QSK 19800
Zylinder	6
Hubraum	19.000 ccm
Motorleistung	812 PS (597 kW) (SAE)
Nenndrehzahl	1.900 U/min
max. Breite	
Maisgebiss	12 Reihen / 9 m
Pickup	4,5 m
Messertrommel	
Breite	805 mm
Durchmesser	610 mm
Messer (max.)	56
Getriebe	hydrostat. Fahrantr. m. 3 Geschwindigkeitsbereichen
Höchstgeschw.	20 oder 40 km/h
Länge (ohne Vorsatzgerät)	6,62 m
Gewicht	14.550 kg

Die Gras-Pickup steht für die Feldhäcksler in Versionen mit Arbeitsbreiten von 3, 4 und 4,50 Metern zur Verfügung. Von der Kabine aus kann die Pickup-Drehzahl an die Schnittlänge angepasst werden, sodass ein gleichmäßiger Gutfluss stattfindet. Die Pickup passt sich den Bodenunebenheiten an.

Der 7950 war der Vorgänger des 7980. Beide Modelle sind mit dem gleichen Cummins-Motor ausgestattet und können eine Leistung von 812 PS vorweisen. Beim Fahren der Feldhäcksler kann zwischen drei Modi gewählt werden, zwei davon sind für Feldarbeiten geeignet, der dritte Modus ist für die Straßenfahrt bestimmt.

Die neue Baureihe 7080 setzt sich aus sieben Modellen zusammen. Sie decken ein Leistungsspektrum von 380 bis 812 PS ab. Die Motoren stammen aus eigener Produktion. Eine Ausnahme bildet das stärkste Modell, der John Deere 7980, dessen Antriebsaggregat von Cummins geliefert wird.

Technik: Der 7980 ist mit einer Leistung von 812 PS das mit Abstand stärkste Mitglied der Baureihe 7080. Sein Sechszylinder-Reihenmotor besitzt einen Hubraum von 19 Litern. Der Tank fasst 1.100 Liter, sodass einen ganzen Tag ohne Tankstopp gearbeitet werden kann. Zu den Neuerungen der Baureihe gehört der Scheibenprozessor „KernelStar", der beim Maishäckseln die Körner aufbereitet, indem er sie mit konkav und konvex geformten Scheiben, die in zwei Scheibenwalzen angeordnet sind, zerschlägt.

Ausstattung: Die 7080er-Feldhäcksler können mit unterschiedlichen Vorsätzen und Pickups ausgestattet werden. Dazu gehören die Maisgebisse der 300-Serie, die kurz und kompakt gebaut sind. Für besonders hohen Mais sind vor allem die Gebisse der 400-Serie konzipiert. Sie befördern auch langes Erntegut gleichmäßig in den Einzugskanal des Häckslers, von wo es zur Messertrommel weitergeleitet wird. Ein spezielles Schneidwerk gibt es für das Ernten von Ganzpflanzen, die als Biomasse für Biogasanlagen bestimmt sind. Außerdem steht ein Holzvorsatz, mit dem beispielsweise dünne Weiden abgeschnitten werden können, zur Verfügung. ◂

Mit drei verschiedenen Häckseltrommeln können die John-Deere-Feldhäcksler ausgerüstet werden. Die Anzahl der Messer liegt bei 40, 48 oder 56. Die Einstellung der Schnittlänge kann in Ein-Millimeter-Stufen erfolgen. Vor allem bei der Verwendung des Ernteguts für Biogasanlagen werden kurze Schnittlängen verlangt.

Zwölf Reihen Mais gleichzeitig kann der Big X 1100 bearbeiten. Die in dem Vorsatz integrierten Kollektoren transportieren das abgeschnittene Erntegut zur Mitte, wo es im rechten Winkel eingezogen wird.

TECHNISCHE DATEN

Typ	Big X 1100
Motor	MAN D 2862
Zylinder	12
Hubraum	24.230 ccm
Motorleistung	1.078 PS (793 kW) (ECE R120)
Nenndrehzahl	1.800 U/min
max. Breite	
Maisgebiss	14 Reihen/10,5 m
Pickup	3,8 m
Messertrommel	
Breite	800 mm
Durchmesser	660 mm
Messer (max.)	48
Getriebe	hydrostat. stufenl. Antrieb m. Radmot.
Höchstgeschw.	40 km/h
Länge (ohne Vorsatzgerät)	9,45 m
Gewicht	14.800 kg

Geschichte: Die in der Gemeinde Spelle ansässige Maschinenfabrik Bernard Krone GmbH ist einer der bedeutendsten Hersteller großer Landmaschinen. Dazu gehören die selbstfahrenden Feldhäcksler mit der Bezeichnung „Big X“. Mit den Erntegiganten erlangte das emsländische Unternehmen eine weltweite Bedeutung. 2000 führte Krone den ersten Big X gemeinsam mit einem reihenunabhängigen Maisgebiss ein. Das Angebot an Feldhäckslern wurde in der Folgezeit ausgedehnt und die Modelle wurden dem technischen Fortschritt angepasst. 2010 überarbeiteten die Krone-Ingenieure die Big-X-Reihe erneut, was mit

Der Big X von Krone ist ein Kraftbündel, das mit modernster Technik ausgestattet ist. Im hinteren Teil befindet sich der Motor, der von einem hydrostatisch angetriebenen Lüfter temperaturabhängig gekühlt wird. Sechs Vorpresswalzen hinter dem Einzug sorgen für eine Vorverdichtung des Ernteguts, bevor es von der Häckseltrommel zerkleinert wird.

Dieser Big X arbeitet mit zwei Wagen gleichzeitig. Der Auswurfbogen lässt sich um 210 Grad schwenken, sodass das Entladen nach jeder Seite hin erfolgen kann. Am Auswurfbogen kann über einen Sensor der Feuchtigkeitsgehalt des Ernteguts gemessen werden.

der Einführung drei neuer Modelle einherging, nämlich des Big X 700 mit 775 PS, des Big X 850 mit 850 PS und des Big X 1100 mit 1.078 PS zertifizierter Motorleistung.

Technik: Eines der wichtigsten Merkmale der neuen Big-X-Modelle sind die MAN-Motoren mit der Common-Rail-Einspritztechnik. Die Motoren können in verschiedenen Leistungscharakteristiken betrieben werden. Das Power-Management sorgt für einen möglichst effizienten und sparsamen Betrieb. Für das Maishäckseln, das eine hohe Motorleistung erfordert, wird der „Power X"-Modus verwendet. Weniger Kraft verlangt das Häckseln von Gras, weswegen in diesem Fall mit „Eco Power" gearbeitet wird.

Ausstattung: „Silent Space" heißt das neue Cockpit der Big-X-Modelle. Wie der Name andeutet, ist der Fahrer durch die Schalldämpfung von Lärmbelastung weitgehend geschützt. Zahlreiche Funktionen können über einen in der Armlehne des Fahrersitzes integrierten Joystick bedient werden. Die großzügige Verglasung bietet einen ungehinderten Blick nach vorne und auf den Vorsatz. ◂

Für die Vorderachse der Big-X-Modelle stehen sieben Reifengrößen zur Verfügung, für die Hinterachse kann zwischen drei unterschiedliche Bereifungen gewählt werden. Abhängig von der Bereifung sind die Big-X-Häcksler 3 bis 3,46 Meter breit. Das Vorsatzgerät kann für die Straßenfahrt hinten angehängt werden.

Um zu verhindern, dass Fremdkörper aufgenommen werden und ins Futter gelangen, sind die FR9000-Häcksler mit einem Sicherheitssystem ausgestattet. Es erfasst im Bereich der Einzugswalzen metallene Gegenstände. Auf dem Monitor in der Kabine wird der Bereich angezeigt, in dem sich der Gegenstand befindet.

TECHNISCHE DATEN

Typ	FR9090
Motor	FPT Vector 8
Zylinder	8
Hubraum	20.100 ccm
Motorleistung	824 PS (606 kW) (ECE R120)
Nenndrehzahl	2.000 U/min
max. Breite	
Maisgebiss	12 Reihen/9 m
Pickup	5,2 m
Messertrommel	
Breite	k. A.
Durchmesser	710 mm
Messer (max.)	32
Getriebe	hydrostat. Fahrantr. m. 4 Vorw.-Gängen
Höchstgeschw.	40 km/h
Länge (ohne Vorsatzgerät)	k. A.
Gewicht	13.100 kg

Geschichte: 2011 konnte New Holland ein Jubiläum feiern, denn 1961 hatte Sperry New Holland, wie das Unternehmen damals hieß, den ersten selbstfahrenden Feldhäcksler auf den Markt gebracht. Dieses Modell war, verglichen mit den heutigen Feldgiganten, ein Zwerg. New Holland zählte zu den Vorreitern bei den Feldhäckslern und entwickelte die Modelle ständig weiter. 2007 erfolgte die Einführung der FR9000-Reihe, die ein Leistungsspektrum von 424 bis 824 PS abdeckt. Gebaut werden die großen selbstfahrenden Felhäcksler im belgischen Zedelgem, wo sich auch die Mähdrescherproduktion von New Holland befindet.

Technik: Die Motoren der meisten FR9000-Modelle werden von Fiat Powertrain Technologies geliefert, was nicht verwundert, da New Holland als Marke von CNH zu Fiat Industrial gehört. Eine Ausnahme ist der FR9080, dessen Sechszylindermotor von Caterpillar stammt. Von der Häckseltrommel stehen Ausführungen mit 24 und 32 Messern zur Verfügung. Die FR9000-Modelle besitzen wie die anderen großen Feldhäcksler einen hydro-

Der FR9060 nimmt mit einer Maximalleistung von 591 PS in der Baureihe die Mittelposition ein. Die Nennleistung bei 2.100 Touren beträgt 544 PS. Der Motor stammt von FPT, die Montage der Feldhäcksler findet in Zedelgem, im „Kompetenzzentrum für Erntemaschinen" von New Holland, statt.

Zum Häckseln von Gras steht für die FR9000-Häcksler eine spezielle Gras-Pickup zur Verfügung. Die Arbeitsbreite kann 3, 3,80 oder 5,20 Meter betragen. Falls es die Breite erlaubt, können zwei Schwaden gleichzeitig aufgenommen werden. Die Drehzahl der Pickup-Haspel wird mit der Fahrgeschwindigkeit automatisch synchronisiert.

statischen Fahrantrieb. Sie können auf der Straße eine Höchstgeschwindigkeit von 40 Stundenkilometern erreichen. Der kurze Radstand von nur 3,20 Metern und der Lenkeinschlag von bis zu 55 Grad machen die Feldgiganten relativ wendig, was seine Vorteile am Feldrand zeigt. Der Wenderadius liegt bei 6,10 Metern.

Ausstattung: Die FR9000-Feldhäcksler können mit Maisgebissen, Pickups und Ganzpflanzen-Vorsatzgeräten ausgestattet werden. Seit 2009 gibt es außerdem ein Vorsatzgerät für die Energieholzernte, bei dem zwei Rotationsmesser die Stämme absägen. Das abgesägte Holz wird dabei über eine Paddelwalze der Häckseltrommel zugeführt. ◄

Mit seiner Doppelbereifung ist dieser FR9000 für den Verkehr auf europäischen Straßen zu breit. Mit der Standardbereifung besitzen die Modelle der Baureihe jedoch nur eine Breite von 2,98 Metern. Die Bauhöhe beträgt bei allen FR9000-Maschinen 3,78 Meter.

Die WR9700-Modelle können mit verschiedenen Schneidwerken ausgestattet werden. Einige Vorsätze verfügen über integrierte Aufbereiter, die das Grüngut mechanisch quetschen oder knicken, um die Trocknung des Schnittguts zu beschleunigen.

Geschichte: In der kleinen Stadt Hesston in Iowa, von der aus Landmaschinen in alle Welt verschickt werden, findet seit 1955 die Produktion von Schwadmähern statt. Seit das Landmaschinenwerk von AGCO übernommen wurde, entstehen dort auch Produkte für andere Marken des großen Landtechnikunternehmens. Die neueste Schwadmäher-Baureihe WR9700 wird, wie schon andere Landmaschinen vor-

In der Challenger-Farbe sind die drei größeren Schwadmäher-Modelle WR9740, WR9760 und WR9770 zu haben. Diese drei Modelle zeichnen sich durch die geräumigere Kabine aus.

TECHNISCHE DATEN

Typ	WR9770
Motor	AGCO Power 49 CTA
Zylinder	6
Hubraum	6.600 ccm
Motorleistung	220 PS (164 kW)
Nenndrehzahl	2.200 U/min
Kraftstofftank	492 l
max. Arbeitsbr.	10,98 m
Antrieb	hydrostat. Fahrantr. m. 3 Fahrbereichen
Höchstgeschw.	34 km/h
Radstand	3.482 mm
Transportlänge	5.074 mm
Gewicht	5.180 kg

Der WR9770 ist das stärkste Modell der Baureihe WR9700. Der Markenname Hesston, der sich in den USA einer großen Bekanntheit und eines guten Rufs erfreut, steht auf der Motorhaube. Ausgerüstet ist dieser MF9770 mit einem Scheibenmähwerk, das mit acht oder zehn Scheiben ausgestattet sein kann.

her, sowohl im roten Lack unter dem Markennamen Massey Ferguson als auch in gelber Farbe als Challenger-Maschine angeboten. **Technik:** Die Massey-Ferguson-Reihe umfasst fünf Modelle im Leistungsbereich von 100 bis 220 PS. Das kleinste Modell ist der WR9725, der mit einem 3,3 Liter großen Motor von Cummins ausgestattet ist. Von AGCO Power stammen die Vierzylinderaggregate der Modelle. Mit 137 PS wird die Leistung des WR9735 und des WR9740 angegeben. Die beiden Schwadmäher unterscheiden sich durch die Ausführung der Kabine, die beim WR7940 breiter ist. Ebenfalls mit einem Vierzylindermotor von AGCO Power ist der WR9760 ausgerüstet. Seine Leistung liegt bei 188 PS. Das stärkste Mitglied der WR9700-Reihe ist der 9770, der ein Sechszylinderaggregat mit einer Leistung von 220 PS besitzt.

Ausstattung: Auch in die Kabine der WR9700-Schwadmäher hat die Computertechnik Einzug gehalten. Über das Computer-Terminal kann der Fahrer die Hydraulik und viele andere Funktionen steuern. Das Elektronikgehirn liefert über den Monitor zudem zahlreiche Betriebsdaten des Fahrzeugs wie die Geschwindigkeit, die Drehzahl des Vorsatzes, den Kraftstoffverbrauch, die Motortemperatur und anderes. ◂

Die elektrohydraulische Steuerung macht das Navigieren mit dem WR9700-Schwadmäher einfach. Der Fahrer kann einstellen, wie empfindlich die Steuerung auf das Bewegen des Steuerrads reagieren soll. Um den Fahrer bei der Bearbeitung großer Flächen noch mehr zu entlasten, kann auch ein automatisches Spurführungssystem installiert werden.

Als Schmetterlingskombination bezeichnet man die Anordnung der fünf Mähwerke, mit denen der Cougar ausgestattet ist. Drei befinden sich im Frontbereich und zwei sind an seitlichen Auslegern angebracht. Intelligente Hydraulikventile sorgen für eine automatische Anpassung an Bodenunebenheiten. Jede Mäheinheit besitzt sieben Scheiben.

TECHNISCHE DATEN

Typ	Cougar 1400
Motor	Mercedes-Benz OM 457 LA
Zylinder	6
Hubraum	11.946 ccm
Motorleistung	476 PS (350 kW) (DIN)
Nenndrehzahl	k. A.
Kraftstofftank	960 l
max. Arbeitsbr.	14 m
Antrieb	hydrostat.-mech. Antrieb m. 2 Fahrstufen
Höchstgeschw.	40 km/h
Radstand	k. A.
Transportlänge	11.500 mm
Gewicht	ca. 18.500 kg

Geschichte: Claas stellte den Cougar (englisch für „Puma“ oder „Berglöwe“) 2003 vor. Auf der Agritechnica dieses Jahres bekam der selbstfahrende Mäher die Auszeichnung „Maschine des Jahres“. Zwei Jahre später wurde ihm auf der Landtechnikmesse Sima in Paris eine Silbermedaille verliehen. Der Cougar 1400 war mit vorderen und seitlichen Scheibenmähwerken ausgerüstet und erreichte damit eine Arbeitsbreite von 14 Metern. Damit war er der größte selbstfahrende Mäher der Welt. Die Tatsache, dass der Cougar eine Flächenleistung von 22 Hektar pro Stunde erreichen konnte, zeigte, dass die Maschine für das Mähen sehr großer Grünflächen konzipiert war.

Zum Mähen wird die Kabine des Cougar um 180 Grad gedreht. Was beim Mähen das Fahrzeugheck bildet, ist die Vorderseite bei der Straßenfahrt. Dadurch hat der Fahrer stets die optimale Sicht. Bei der Arbeit kann er alle Mähwerke überblicken, während bei der Fahrt zum Einsatzort keine hochgeklappten Geräte die Sicht behindern.

Technik: Der Allradantrieb der superlativen Mähmaschine gehörte zur Serienausstattung. Steuern konnte der Cougar sowohl mit der Vorderachse als auch mit den Rädern der Hinterachse. Als Kraftzentrale diente ein Mercedes-Benz-Motor mit einem Hubraum von zwölf Litern. 960 Liter fasste der Tank, der dem Cougar lange Einsätze ohne Tankunterbrechung ermöglichte. Das hydrostatisch-mechanische Getriebe bot zwei Fahrbereiche. Einer davon war für Mäheinsätze mit einer Geschwindigkeit von bis zu 21 km/h vorgesehen. Der andere Fahrbereich eignete sich für Straßenfahrten mit einer Höchstgeschwindigkeit von 40 km/h.
Ausstattung: Die Kabine des Cougar war luftgefedert und schallisoliert. Ein Beifahrersitz gehörte zur Standardausstattung. Die Seiten waren bis zum Boden verglast, sodass der Fahrer einen ungehinderten Blick auf die Mäheinheiten hatte. Eine Rundum-Scheibenwischanlage sorgte dafür, dass die Sicht stets frei war. ◂

Für die Straßenfahrt konnten die Mähwerke des Cougar seitlich hochgeklappt werden. Die Transportbreite betrug, abhängig von der Bereifung, 3 bis 3,50 Meter. Ein Vorteil des Großmähers war die hohe Geschwindigkeit, die auf der Straße zu erzielen war, denn für Lohnunternehmer ist es wichtig, möglichst schnell an den Einsatzort zu kommen.

In der Ausführung 1400 RC ist der Cougar mit einem Walzenaufbereiter ausgestattet (RC steht für „Roller Conditioner"). Bei der Verwendung der Aufbereiter wird das Mähgut durch die Walzen gequetscht, was die Trocknung von Luzerne und anderen blattreichen Futterarten beschleunigt.

Der D450 kann mit Mähwerken mit einer Arbeitsbreite von bis zu 12,34 Metern ausgerüstet werden. Ein exaktes Arbeiten ermöglicht die moderne Technik, zu der das AutoTrac-Spurführungssystem gehört. Der dafür nötige GreenStar-Empfänger ist vorne am Dach angebracht.

Geschichte: John Deere stellte die 400-Reihe der selbstfahrenden Schwadmäher 2009 vor. Die Markteinführung erfolgte im folgenden Jahr. Die Baureihe setzte sich aus den 125 PS starken A400 und D400 sowie aus dem 200 PS leistenden R450 zusammen. Später erfolgte die Aufrüstung des D-Modells auf den ebenfalls 200 PS starken D450. Der Unterschied zwischen dem R450 und dem D450 betrifft nur den Vorsatz. Der D450 ist für die Arbeit mit einem sogenannten „Draper"-Vorsatz spezialisiert. Dabei handelt es sich um ein Schneidwerk, bei dem das Schnittgut nicht über eine Querförderschnecke, sondern über ein Förderband zur Schwaderzeugung befördert wird. Die R-Version des 450 ist dagegen für die Verwendung mit Sichel-, Scheiben und anderen Mähwerken konzipiert.

Technik: Der R450 und der D450 werden von Sechszylindermotoren mit einem Hubraum von 6,8 Litern angetrieben. Ein 483 Liter fassender Tank versorgt die Turbo-Motoren mit Diesel. Die 400-Modelle können eine Höchstgeschwindigkeit von

TECHNISCHE DATEN

Typ	D450
Motor	John Deere Power Tech E 6068H
Zylinder	6
Hubraum	6.800 ccm
Motorleistung	200 PS (149 kW)
Nenndrehzahl	2.400 U/min
Kraftstofftank	473 l
max. Arbeitsbr.	12,34 m
Antrieb	hydrostat. Fahrantr.
Höchstgeschw.	34 km/h
Radstand	3.700 mm
Transportlänge	k. A.
Gewicht	4.830 kg

Von der Kabine aus hat der Fahrer einen ungehinderten Ausblick auf das Mähwerk. In der rechten Armlehne des Fahrersitzes ist der CommandARM integriert. Dabei handelt es sich um eine Bedienkonsole, bei der zahlreiche Funktionen bequem mit den Fingern betätigt werden können.

Für den Betrieb mit Draper-Vorsätzen ist die Ausführung D450 bestimmt. Diese Vorsätze zeichnen sich durch eine große Arbeitsbreite aus. Das Erntegut wird von der Haspel zum Schneidwerk gezogen und kommt anschließend auf die Förderbänder, die es in die Mitte transportieren.

34 km/h erreichen. Für Straßenfahrten wird das Vorsatzgerät abgebaut und angehängt. Diese Tätigkeit kann von einer Person innerhalb einer Minute erledigt werden. Ein Werkzeug ist dafür nicht nötig. Der Fahrer kann seinen Sitz um 180 Grad drehen, sodass nun die Motorhaube und die kleinen Steuerräder den Vorderteil und der Anbauraum das Heck des Fahrzeugs bilden.

Ausstattung: Die John-Deere-400-Modelle können auf Wunsch mit dem Spurführungssystem AutoTrac Universal ausgerüstet werden. Mit dieser Ausstattung wird das Steuern des Fahrzeugs dem GPS-gestützten System überlassen. Auf sehr großen Feldern kann dies den Fahrer entlasten und die Effizienz steigern. ◂

Dieses Bild zeigt einen R450 beim Einsatz. Der hydrostatische Antrieb kann in einen Fahrbereich für die Feldarbeit, der für eine Geschwindigkeit von bis zu 24,1 km/h vorgesehen ist, sowie in einen Bereich für die Straßenfahrt mit einer Höchstgeschwindigkeit von 34 Stundenkilometern geschaltet werden.

Der Big M ist überall dort im Einsatz, wo es große Flächen zu mähen gibt, sei es in Kalifornien oder auf niederländischen Milchviehbetrieben. Die Big-M-Modelle 400 und 500 wurden 2009 vorgestellt. Zwei Jahre später folgte der Big M 420, der den M 400 ersetzte. Die Motoren der neuesten Versionen verfügen über die umweltfreundliche SCR-Technologie.

Geschichte: Den Big M führte Krone 1996 ein. Das bisher stärkste Modell der Baureihe stellte der Landmaschinenhersteller mit dem Big M 500 auf der Agritechnica 2007 vor. Krone bezeichnet den Big M als selbstfahrenden Mähaufbereiter. Zwar kann der Big M das Erntegut in Schwaden ablegen, es ist jedoch auch möglich, das Schnittgut über die ganze oder einen Teil der Arbeitsbreite zu verteilen.

Technik: Anders als die herkömmlichen Schwadmäher, die unterschiedliche Vorsätze verwenden können, ist der Big M standardmäßig mit Scheibenmähwerken ausgestattet. Es handelt sich dabei um ein Frontmähwerk und zwei Heckmähwerke. Mit dieser Mähkombination lässt sich im

TECHNISCHE DATEN

Typ	Big M 500
Motor	MAN D 2676 LE 121
Zylinder	6
Hubraum	12.400 ccm
Motorleistung	520 PS (382 kW) (ECE R120)
Nenndrehzahl	1.800 U/min
Kraftstofftank	900 l
max. Arbeitsbr.	13,2 m
Antrieb	stufenloser Antrieb über Radmotoren
Höchstgeschw.	40 km/h
Radstand	k. A.
Transportlänge	12.500 mm
Gewicht	ca. 20.000 kg

Der Fahrer des Big M sitzt in einer geräumigen Kabine, von der aus er dank der großzügigen Fensterflächen und der schmalen Holme einen ungehinderten Blick auf die Mähgeräte hat. Starke Arbeitsscheinwerfer, die optional durch Xenon-Scheinwerfer ersetzt werden können, erhellen auch nach Sonnenuntergang das Feld.

Mit dem selbstfahrenden Mähaufbereiter von Krone können in kurzer Zeit sehr große Grünflächen gemäht werden. Mit einem Frontmähwerk und zwei Heckmähwerken kann der Big M eine Arbeitsbreite von 13,2 Metern erreichen. Der Big M 500 kann eine Flächenleistung von 20 Hektar pro Stunde erzielen.

Fall des Big M 500 eine Arbeitsbreite von 13,2 Metern erzielen. Für Straßenfahrten können die Mähwerke hochgeklappt werden, sodass die Tranportbreite nur bei drei Metern liegt. Der Allradantrieb gehört zur Serienausstattung. In den Radnaben befinden sich zum Antrieb hydraulische Motoren. Im Feldmodus lassen sich mit dem hydraulischen Antriebssystem bis zu 20 km/h fahren. Auf der Straße ist der Big M bis zu 40 Stundenkilometer schnell. Von MAN stammen die Sechszylindermotoren, die beim Big M 420 für eine Maximalleistung von 423 PS und beim Big M 500 für 520 PS Höchstleistung verantwortlich sind.

Ausstattung: Die Big-M-Modelle sind, wie auch die Feldhäcksler von Krone, mit der Silent-Space-Kabine ausgestattet. Ein doppelter Boden trägt zur Schallisolierung bei. Eine Klimaautomatik, eine elektrische Kühlbox und ein Beifahrersitz gehören zur serienmäßigen Ausstattung. Über den Multifunktions-Joystick, der in der rechten Armlehne integriert ist, lassen sich zahlreiche Funktionen bedienen. ◂

Mit einem Knopfdruck lassen sich die Heckmähwerke seitlich hochklappen. Für den Straßentransport müssen beim Big M 420 am Frontmähwerk noch die Seitenschutze hochgeklappt werden. Beim Big M 500 hat das Frontmähwerk eine Breite von 5,3 Metern. Um die Transportbreite von drei Metern zu erreichen, lässt es sich ebenfalls zusammenklappen.

Der nordamerikanische Marktführer im Bereich der selbstfahrenden Schwadmäher kommt aus dem kanadischen Winnipeg. Eine erhöhte Leistungsstärke bekommen die MacDon-Mähmaschinen durch die Ausstattung mit neuen Cummins-Motoren. Die M5-Modelle decken mit Power-Boost einen Leistungsbereich von 115 bis 230 PS ab.

Geschichte: MacDon ist zwar in Europa kaum bekannt, nimmt aber in Nordamerika die Position des größten Herstellers selbstfahrender Schwadmäher ein. Produktionsstandort ist Winnipeg, die Hauptstadt der kanadischen Provinz Manitoba. Die Gründung des Unternehmens erfolgte 1949 unter dem Namen „Killbery Industries" mit dem Ziel der Herstellung von Erntemaschinen und -geräten. 1951 baute

Alle M5-Modelle verfügen über einen hydrostatischen Fahrantrieb. Beim M205 und beim M155 kann in drei Fahrbereiche geschaltet werden. Auf der Straße können diese Modelle eine Höchstgeschwindigkeit von 37 km/h erzielen. Über zwei Fahrbereiche verfügt der Antrieb des M105. Er kann bis zu 26 km/h schnell fahren.

TECHNISCHE DATEN

Typ	M205
Motor	Cummins
Zylinder	6
Hubraum	6.700 ccm
Motorleistung	230 PS (170 kW) (mit Power-Boost)
Nenndrehzahl	2.000 U/min
Kraftstofftank	367 l
max. Arbeitsbr.	13,7 m
Antrieb	hydrostat. Fahrantr. m. 3 Fahrbereichen
Höchstgeschw.	37 km/h
Radstand	4.020 mm
Transportlänge	k. A.
Gewicht	4.500 kg

Gegenüber den Vorgängern konnte die Aussicht des Fahrers durch die gewölbten Scheiben verbessert werden. Eine Klimaanlage gehört zur Standardausstattung. Der luftgefederte Sitz schützt den Fahrer vor Belastungen und Ermüdung. Viele Schalter lassen sich leicht mit aufgelegtem Arm mit den Fingerspitzen betätigen.

Killbery den ersten selbstfahrenden Schwadmäher. Nach der 1971 erfolgten Übernahme durch die MacDonalds-Familie erhielt das Unternehmen den neuen Firmennamen „MacDon". Neben Schwadmähern ist MacDon heute vor allem durch die Herstellung von Erntevorsätzen für Schwadmäher und Mähdrescher bekannt.

Technik: MacDon führte die M-Reihe 2007 ein. Drei neue Modelle, die wegen der letzten Ziffer in der Typenbezeichnung M5-Reihe benannt wurden, steigerten die Leistung der MacDon-Schwadmäher. Es handelte sich um den M105 mit einer Leistung von 110 PS, den M115 mit 148 PS und den M205 mit 220 PS. Mit dem Power-Boost konnte die Leistung bei besonders hohen Anforderungen weiter gesteigert werden: auf 115 PS beim M105, 156 PS beim M155 und 230 PS beim M205. Die Motoren werden von Cummins geliefert. Das stärkste Modell besitzt ein Sechszylinderaggregat; mit Vierzylindermotoren sind die beiden anderen Modelle ausgestattet.

Ausstattung: Die M5-Modelle lassen sich mit verschiedenen Vorsätzen ausrüsten. Dazu gehören Scheibenmähwerke, Mähwerke mit Querförderschnecken und Draper-Vorsätze. Auch hinsichtlich der Bereifung stehen mehrere Ausstattungsmöglichkeiten zur Verfügung. Die hintere Spurweite lässt sich im Bereich von 245 bis 345 Zentimetern verstellen. ◂

Mit einem Scheibenmähwerk ist dieser M200 ausgestattet. Die Arbeitsbreite bei den MacDon-Scheibenmähwerken kann 4 oder 4,90 Meter betragen. Die kleinere Ausführung des Mähwerks besitzt acht Scheiben mit jeweils zwei Messern. Mit zehn Scheiben und zwei Messern pro Scheibe ist die größere Version versehen.

Durch die verschiedenen Mähvorsätze ergeben sich unterschiedliche Einsatzmöglichkeiten für die Schwadmäher der H8000-Reihe. Das rechte Modell ist mit einem Scheibenmähwerk ausgestattet. Über einen Draper-Vorsatz verfügt das linke Modell. Das Erntegut wird dabei durch Bänder zum Einzug in der Mitte befördert.

Geschichte: In dem New-Holland-Werk in Grand Island im US-Bundesstaat Nebraska werden neben Mähdreschern auch Schwadmäher produziert. Die Erntemaschinen aus diesem Werk sind vor allem für den nordamerikanischen Markt bestimmt. Die neueste Schwadmäher-Serie kam 2007 auf den Markt. New Holland nennt solcherart Modelle „Speedrower", um so auf die Geschwindigkeit hinzuweisen, mit der die neuen Schwadmäher arbeiten können.

Modelle: Die Baureihe umfasst drei Modelle: den H8040 mit einem Vierzylindermotor und 126 PS, den H8060 mit einem Sechszylindermotor und 190 PS sowie den H8080 mit einem Sechszylindermotor und 226 PS Leistung. Die PS-Zahlen wurden an der Zapfwelle gemessen.

TECHNISCHE DATEN

Typ	H8080
Motor	New Holland
Zylinder	6
Hubraum	6.700 ccm
Motorleistung	226 PS (168 kW) (gem. a. d. Zapfwelle)
Nenndrehzahl	2.200 U/min
Kraftstofftank	454 l
max. Arbeitsbr.	11 m
Antrieb	hydrostat. Fahrantr. m. 2 Fahrbereichen
Höchstgeschw.	29 km/h
Radstand	3.494 mm
Transportlänge	6.847 mm
Gewicht	5.155 kg

Eine spezielle Ausführung für den Mäheinsatz auf den großen Getreidefeldern in der Prärie gibt es vom H8040. Der Draper-Vorsatz gehört zur Standardausstattung. Die Geschwindigkeit, mit der das Mähwerk arbeitet und das Band das Mähgut befördert, kann von der Kabine aus überwacht und geregelt werden.

Die Common-Rail-Einspritztechnik und andere motortechnische Verbesserungen sorgen dafür, dass die Antriebsaggregate die Abgasnorm Tier III einhalten. Außerdem können alle Modelle mit Biodiesel betrieben werden. Zusätzlich zu der Normalversion ist der H8040 in einer Prärie-Spezialausführung erhältlich. Der H8040 „Prairie Special" ist speziell auf die Anforderungen des Getreidemähens zugeschnitten.

Ausstattung: Die Modelle der H8000-Reihe können mit verschiedenen Mähvorsätzen ausgestattet werden. Für die beiden größeren Modelle gibt es ein Scheibenmähwerk mit zehn oder zwölf Scheiben. Ein Mähwerk mit 14 Scheiben steht für den H8080 zur Verfügung. Eine Arbeitsbreite von elf Metern können die Schwadmäher mit dem größten Draper-Vorsatz erreichen. Abhängig von der Ausführung des Draper-Vorsatzes kann das Erntegut wahlweise in Form einer mittleren Schwad oder als Doppelschwad abgelegt werden. Schließlich steht auch noch ein bis zu 6,17 Meter breites Schneidwerk mit Fingermähbalken und Aufbereiter zur Verfügung. ◄

„Speedrower" nennt New Holland die Schwadmäher der H8000-Reihe. Der hydrostatische Fahrantrieb kann in zwei Fahrbereichen betrieben werden. Für eine Fahrgeschwindigkeit von bis zu 20 km/h ist der Arbeitsmodus vorgesehen. Im Straßenmodus kann eine Höchstgeschwindigkeit von 29 Stundenkilometern erreicht werden.

Eine Arbeitsbreite von 5,56 Metern ist mit den Fingerbalkenmähwerken möglich. Die Vorsätze verfügen über einen Aufbereiter, der aus zwei Walzen besteht. Der Aufbereiter kann durch das Knicken des Ernteguts für ein schnelleres Trocknen sorgen. Die Schwadbreite kann 91 bis 244 Zentimeter betragen.

Special: Kartoffel- und Rübenernter

Kartoffel und Rüben sind Hackfrüchte, die in der europäischen Landwirtschaft lange Zeit eine bedeutende Rolle spielten. Die Kartoffel dient der Ernährung der Menschen und Nutztiere. Sie lässt sich leicht lagern und hilft dadurch den Haus- und Stallbewohnern, im Winter über die Runden zu kommen. Welche Folgen eine Kartoffelmissernte habe konnte, zeigte die Große Hungersnot, die Irland zwischen 1845 und 1849 heimsuchte und auf Kartoffelfäule zurückzuführen war.

Dieses Exemplar eines Schleuderradroders stammt von Lanz. Mit den Rodern wurden die Kartoffeln freigelegt und anschließend von Hand aufgesammelt.

Futter- und Zuckerrüben

Runkel- oder Futterrüben dienten vor dem Aufkommen des Maisanbaus und der Silage vor allem als Tierfutter. Die Rüben wurden nach der Ernte auf Haufen geworfen und zur Lagerung mit Erde bedeckt, um sie vor der Kälte zu schützen. Je nach Bedarf konnte von diesen Mieten oder Rübenschanzen eine tägliche Portion geholt werden. Bevor die Rüben verfüttert werden konnten, mussten sie jedoch noch zerkleinert werden. Für diese Aufgabe gab es Rübenschneider. Diese Geräte waren mit einer Trommel, die mit Messern oder Hacken besetzt war, ausgestattet. Der Antrieb der Trommel erfolgte von Hand, später auch durch einen Motor.

Neben den Futterrüben werden seit Anfang des neunzehnten Jahrhunderts auch Zuckerrüben angebaut. Sie werden für die Zuckerherstellung, für die Gewinnung von Alkohol und Sirup sowie als Viehfutter verwendet. Die Zuckerrüben spielen in letzter Zeit als nachwachsender Rohstoff vor allem für die Gewinnung von Bioethanol eine bedeutende Rolle.

Die Rüben- und Kartoffelernte

Der Bedeutung von Kartoffeln und Rüben entsprechend steckten die Landwirte viel Arbeit in den Anbau, die Aufzucht und die Ernte dieser Reihenfrüchte. Lange Zeit wurde von Hand das Unkraut gehackt. Um den einzelnen heranwachsenden Pflanzen genügend Platz zu schaffen, mussten überschüssige Rübenpflanzen entfernt werden. Beim Ernten musste zuerst

Dieser Rübenvollernter von Fendt aus den 1960er-Jahren bestand aus einem Geräteträger und den Geräteaufbauten für die Rübenernte. Auf den Komfort heutiger Vollernter musste noch verzichtet werden. Aber verglichen mit der Handarbeit war die Konstruktion bereits ein großer Fortschritt.

Der Tectron 410 von Grimme ist ein selbstfahrender Kartoffelernter. Angetrieben wird der Titan von einem 490 PS starken Motor. Die etwa 30 Tonnen schwere Maschine kann vier Reihen gleichzeitig ernten und 15 Tonnen Kartoffeln im Bunker aufnehmen.

den Rüben der obere Teil mit den Blättern mit einem Stoßeisen oder einer Köpfschippe abgeschnitten werden. Die Blätter waren ein saftiges, bei den Rinder sehr beliebtes Futter. Die Rüben wurden nach dem „Köpfen“ mit einer Gabel auf den Wagen geladen, was keine einfache Arbeit ist, da sie meist tief im Boden steckten. Schon früh bauten deshalb einige Unternehmer Rübenrodepflüge, Rübenheber sowie Rübenköpf- und Rübenerntemaschinen.

Einfacher ging die Kartoffelernte vor sich. Mit einem Rodepflug oder einem Schleuderradroder wurden die Kartoffeln freigelegt. Anfangs dienten Pferde zum Ziehen dieser Geräte, später setzte man Traktoren ein. Eine Variation des Schleuderradroders ist der Vorratsroder, der die Kartoffeln in Schwaden ablegt. Ein enormer Fortschritt waren die Sammelroder, die von einem Traktor gezogen und über die Zapfwelle angetrieben wurden. Der Sammelroder nahm die Kartoffeln auf und sonderte das Kraut und die Steine ab. Auf den Maschinen standen einige Personen und entfernten auf einem Verleseband die letzten unerwünschten Beimengungen, bevor die Kartoffeln in einen Bunker gelangten.

Die großen Vollerntemaschinen

Schleuderradroder und Sammelroder werden heute zwar immer noch eingesetzt. Denjenigen, die den Kartoffelanbau im großen Stil betreiben, stehen jedoch leistungsfähigere und technisch ausgefeiltere Maschinen zur Verfügung. Dazu gehören Kartoffelvollerntemaschinen, die vier Reihen gleichzeitig ernten können. Manche dieser Maschinen verfügen über einen Überlade-Elevator, mit dem das Erntegut auf einen parallel fahrenden Wagen verladen werden kann. Vom Traktor wird für den Antrieb einer solchen Maschine eine Mindestleistung von etwa 150 PS verlangt. Noch eine Klasse weiter oben befinden sich die selbstfahrenden Vollernter, die von mehreren Hundert PS starken Motoren angetrieben werden.

Auch bei der Rübenernte müssen nicht mehr die Rübengabel und die Köpfschippe benutzt werden. Die Rübenvollernter der obersten Klasse gehören zu den größten und stärksten Landmaschinen. Das Köpfen und Roden der Rüben geschieht mechanisch. Ein Beispiel dafür ist der Rexor 620 von Grimme. Der mit einem 490 PS leistenden Motor ausgestattete Zuckerrübenvollernter kann sechs Reihen gleichzeitig ernten. In dem 33 Kubikmeter großen Bunker finden ungefähr 22 Tonnen Rüben Platz. Auf einen Knopfdruck hin kann der Bunker innerhalb von 50 Sekunden entleert werden – und dies, während der Fahrer in der Komfort-Kabine sitzt. ◂

Der Rübenvollernter Rexor 620 von Grimme ist nicht nur groß und leistungsfähig, er kann trotz seiner Größe und seines Gewichts bis zu 40 km/h schnell fahren.

Schnelle Ernte: Ballenpressen und Schwader

Die Heuernte war vor der Einführung der Ballenpressen und Ladewagen noch mit erheblicher körperlicher Arbeit verbunden. In diesem Fall verfügte man zumindest bereits über eine maschinelle Zugkraft. Es handelt sich dabei um den Grasmäher von Fendt, der auch als Zugmaschine eingesetzt werden konnte.

Stroh und Heu spielten in der Landwirtschaft lange Zeit eine wichtige Rolle. Das Heu diente als Tierfutter im Winter und das Stroh wurde zum Einstreuen im Stall verwendet. Nach dem Mähen auf dem Feld oder auf der Wiese wurde das Mähgut lose oder im Fall des gemähten Getreides in Garben gebunden mit viel Mühe und Aufwand auf Wagen verladen und abtransportiert.

Pressen und Binden

Schon Mitte des neunzehnten Jahrhunderts kam man auf die Idee, das Erntegut zu pressen, um es leichter transportieren zu können. Die ersten Pressen tauchten in Nordamerika auf. 1890 baute die Firma Laaß in Magdeburg die erste Strohpresse in Deutschland. Andere Hersteller folgten bald. Wo das Getreide bereits auf dem Feld gedroschen wurde, stellte man die Pressen hinter der Dreschmaschine auf, damit man das Stroh anschließend gleich pressen und binden konnte. Der Antrieb erfolgte anfangs mit tierischer Kraft über Göpel, später kamen Dampfmaschinen und stationäre Motoren zum Einsatz.

Auch bei den Stroh- und Heupressen bedeutete die Einführung der Traktoren und der Zapfwelle einen erheblichen Fortschritt, denn nun konnten die Ballenpressen gezogen werden und über die Pickup das Mähgut aufnehmen. In den 1950er-Jahren nahm in Deutschland und anderen europäischen Ländern die Zahl der gezogenen Ballenpressen sprunghaft zu. Dies war die Zeit, in der die Schlepper die tierische Zugkraft auf fast allen Höfen ersetzten.

Die gepressten und gebundenen Ballen fielen anfangs noch auf den Boden. Man musste sie anschließend von Hand mit der Gabel aufspießen und auf einen Wagen laden. Um Platz zu sparen, wurden die Ballen von einer Person auf dem Wagen angerichtet. Die Ballen waren jedoch bedeutend schwerer als das lose und nur gebundene Schnittgut. Die Stroh- und Heuernte stellte immer noch hohe Anforderungen an die körperlichen Kräfte.

Die Hochdruckpresse Markant von Claas erleichterte die Strohernte bedeutend. Über eine Rutsche wurden die Ballen hochgeschoben. Auf dem Wagen übernahm eine Person die Ballen und richtete sie platzsparend an.

Das Bild zeigt die Funktionsweise einer Rundballenpresse von Case IH. Das Stroh wird über die Pickup aufgenommen und von einem Raffer in die Ballenkammer weitergeleitet. In der Kammer wird das Stroh aufgerollt und zu einem dichten Ballen geformt. Sobald die voreingestellte oder mögliche Größe erreicht ist, wird der Ballen hinten ausgeworfen.

Eine Erleichterung brachte die Einführung der Laderutsche, mit denen die Ballen von der Presse auf den angehängten Wagen geschoben wurden. In den 1970er-Jahren kamen die hydraulisch angetriebenen Ballenschleudern auf. Das gepresste Schnittgut wurde damit automatisch von der Presse auf den Wagen geschleudert. Auf das Anrichten verzichtete man meist, da es arbeitssparender war, den Wagen schnell zu entleeren und neu aufzuladen.

Runde Ballen

Ein weiterer Schritt in Richtung Rationalisierung der Ernte war die Einführung der Rundballenpressen. 1972 brachte das Unternehmen Vermeer in Iowa eine Presse auf den Markt, die das Stroh in einer Ballenkammer aufrollte und gleichzeitig presste. Auf dieser Technik beruhen im Prinzip auch die anderen Rundballenpressen, die in der Folgezeit schnell an Verbreitung gewannen. Bei den Rundballenpressen unterscheidet man die Ausführungen mit einer Festkammer, bei denen der Ballen nur eine bestimmte Größe erreichen kann, und die Varianten mit einer variablen Kammer, auch Variokammer genannt, die ein Einstellen einer gewünschten Größe ermöglicht. Die Rundballen haben gewöhnlich eine Breite von 1,2 Metern. Der Durchmesser kann bei den Pressen mit variabler Kammer bei manchen Modellen einen Wert von über zwei Metern erreichen.

Zu den Vorteilen der Rundballenpressen gehört die Geschwindigkeit, mit der eine große Menge von Schnittgut innerhalb kurzer Zeit verarbeitet werden kann. Nach dem Pressen können die Ballen mithilfe des Frontladers schließlich auf einen Wagen geladen und abtransportiert werden.

Große Quaderballen

Die Rundballen haben gewöhnlich ein hohes Gewicht. 1978 stellte der amerikanische Landmaschinenhersteller Hesston jedoch eine Ballenpresse vor, die das Erntegut in noch größere und schwerere Quaderballen presste. Diese Großballen- oder Großpackenpressen fanden in der großflächigen Landwirtschaft eine weite Verbreitung. Die Quaderballen, die von diesen Maschinen erzeugt werden, können ein Gewicht von bis zu einer Tonne erreichen.

Schwader

Damit das Schnittgut von den Ballenpressen aufgenommen werden kann, muss es erst zu sogenannten Schwaden zusammengerecht werden. Das Erzeugen von Schwaden mit Handrechen ist nur noch eine Ausnahmeerscheinung. Selbst zu der Zeit, als noch Pferde zum Ziehen von Maschinen und Wagen herhalten mussten, kamen bereits spezielle Schwadrechen zum Einsatz. Später wurden Sternrechwender und Kreiselheuer, die auch zetten und wenden können, für das Schwadziehen verwendet. Moderne Schwader können eine enorme Arbeitsbreite und -geschwindigkeit erreichen, verlangen aber auch vom Traktor eine entsprechende Leistungsfähigkeit. ◂

Nicht nur zum Pressen von Stroh und Heu werden Rundballenpressen verwendet, sondern auch für die Silage. Dabei wird angewelktes Gras gepresst und anschließend mit einer PVC-Folie umwickelt. Manche Ballenpressen können am Heck mit dem Wickelgerät, wie hier die Claas Rollant, ausgestattet werden.

Diese Quadrant wird von einem Claas Xerion gezogen. Großballenpressen wie die Quadrant verlangen von den Traktoren eine enorme Leistung an der Zapfwelle, weswegen es auch nur Schlepper der oberen Leistungsklassen sind, die mit diesen Maschinen zum Einsatz kommen.

TECHNISCHE DATEN

Typ	Quadrant 3400
erf. Schlepper-Mind.-Leistung	k. A.
Pickup	
Breite	235 cm
Zinkenreihen	4
Anzahl Messer	25
Presskanal	
Breite	120 cm
Höhe	100 cm
Kolbenhübe	46 Hübe/min
Ballenlänge	50–300 cm
Anzahl Knoter	6
Länge in Transportstell.	k. A.
Breite	2.970–2.990 mm
Höhe	3.370–3.390 mm
Gewicht	12.560/12.860 kg

Die annähernd 13 Tonnen der Quadrant 3400 werden von einer Tandemachse getragen. Die anderen Quadrant-Modelle sind auch in Ausführungen mit einer einfachen Achse verfügbar. Durch verschiedene Bereifungen kann die Ballenpresse den Bedingungen entsprechend angepasst werden. Eine große Aufstandsfläche minimiert den Bodendruck.

Eine Pickup-Breite von 2,35 Metern besitzt die Quadrant 3400. Diese Version der Ballenpresse ist mit dem Schneidwerk „Roto Cut" ausgestattet. Das System ist eines der schnellsten auf dem Markt. Es kann 28.000 Schnitte pro Minute durchführen und das Erntegut in 45 Millimeter lange Stücke zerkleinern.

Geschichte: Claas besitzt eine lange Geschichte in der Erntetechnik und im Ballenpressenbau, die bis in das Jahr 1931 zurückgeht, als das Unternehmen die erste Strohpresse einführte. Seitdem hatte sich der Harsewinkeler Landtechnikhersteller zu einem der wichtigsten Anbieter auf diesem Gebiet etabliert. 1988 stieß Claas mit der Quadrant 1200 in die Klasse der Großpackenpressen vor. In den folgenden Jahren wurde das Angebot in diesem Bereich erweitert. 1998 kam die Quadrant 2200 mit einem neuen Antriebskonzept auf den Markt. Mit der Quadrant 3400 führte Claas 2006 eine der durchsatzstärksten Pressen aller Zeiten ein. Die Quadrant-Pressen kommen aus Metz in Lothringen, wo Claas seit 1958 ein Werk besitzt.

Modelle: Die Quadrant-Modelle besitzen unterschiedlich große Presskanäle. Der Presskanal der Quadrant 3400 ist 1,20 Meter breit und einen Meter hoch. Dies bedeutet, dass auch die Quaderballen diese Maße haben. Eine Breite von 1,20 Metern und eine Höhe von 0,90 Metern besitzt der Presskanal der Quadrant 3300. Die gleiche Breite haben der Presskanal der Quadrant 3200 und der Quadrant 2200. Die Höhe beträgt bei diesen Modellen jedoch 70 Zentimeter. Bei allen Quadrant-Modellen kann die Ballenlänge in dem Bereich von einem halben bis drei Metern liegen.

Technik: Das Erntegut kann optional vor dem Pressen zerkleinert werden. Zu diesem Zweck kann die Quadrant mit einem Schneidwerk mit 25 Messern, dem „Roto Cut", ausgestattet werden. Die Quadrant 3200 ist außerdem mit „Fine Cut" erhältlich. Mit den 51 Messern dieses Schnittsystems kann das Stroh in 20 Millimeter lange Stücke geschnitten werden. ◀

Wenn das Erntegut zur Silage verwendet werden soll, wird es zerkleinert. Durch einen hohen Pressdruck wird Sauerstoff ausgeschlossen. Für anderes Erntegut kann auf das Zerkleinern verzichtet werden. Je nach Bedarf kann über die Messergruppenschaltung die Anzahl der benötigten Messer ausgewählt werden.

Diese BiG Pack wird von einem Schlepper von Case IH gezogen. Die Presse erfordert eine Mindestleistung von 143 PS. Die BiG Pack 1290 gehört zu den größten Großpackenpressen. Der Ballen kann eine Länge von 2,70 Meter erreichen. Die HDP-Version der Ballenpresse kann bis zu 3,20 Meter lange Ballen erzeugen.

Geschichte: Die Maschinenfabrik Bernard Krone ist weltweit für Landmaschinen der Superlative bekannt. Dazu zählen natürlich der Feldhäcksler Big X und der Mähaufbereiter Big M. 1993 stellte Krone auf der Agritechnica die erste Großballenpresse mit der passenden Bezeichnung „BiG Pack“ vor. Die Serienfertigung begann im folgenden Jahr. Zu dieser Zeit war Krone der einzige Hersteller von Großpackenpressen auf Tandemachsen, die mit einem Schneidwerk ausgestattet

TECHNISCHE DATEN

Typ	BiG Pack 1290 XC
erf. Schlepper-Mind.-Leistung	190 PS (140 kW)
Pickup	
Breite	235 cm
Zinkenreihen	5
Anzahl Messer	26
Presskanal	
Breite	120 cm
Höhe	90 cm
Kolbenhübe	38 Hübe/min
Ballenlänge	100–320 cm
Anzahl Knoter	6
Länge in Transportstell.	8.850 mm
Breite	2.995 mm
Höhe	3.110 mm
Gewicht	10.200 kg

Bei der BiG Pack 1290 in diesem Bild handelt es sich um eine Ausführung des Modells mit dem X-Cut-System und HDP-Technik. Die HDP-Ballen können bis zu 25 Prozent schwerer als normale Ballen sein, was bei der Lagerung und beim Transport Kosteneinsparungen mit sich bringt.

Die BiG Pack 1270 XC hat ein Gewicht von 8.430 Kilogramm. Vom Traktor wird für den Antrieb der Maschine eine Leistung von mindestens 136 PS verlangt. Die BiG Pack 1270 XC verfügt über das X-Cut-Schneidwerk, das mit 26 Messern ausgestattet ist. Die kleinste Länge des geschnittenen Ernteguts liegt bei 44 Millimetern.

waren – wenn auch nur mit drei Messern. Die BiG-Pack-Serie erwies sich in der Folgezeit als großer Erfolg und wurde beständig erneuert und erweitert.

Modelle: Zur BiG-Pack-Reihe gehören die Modelle 890, 1270 und 1290. Diese Ballenpressen unterscheiden sich durch ihre Größe, den Leistungsbedarf, die Breite und Höhe des Presskanals und damit auch durch die Ballengröße. Der Kanal der BiG Pack 890 ist 80 Zentimeter breit und 90 Zentimeter hoch, was sich in der Typenbezeichnung widerspiegelt. 120 Zentimeter breit und 70 Zentimeter hoch ist der Kanal der 1270. Eine Breite von 120 Zentimetern und eine Höhe von 90 Zentimetern haben die Ballen der BiG Pack 1290.

Technik: Alle BiG-Pack-Modelle sind in Ausführungen mit dem X-Cut-Schneidwerk zu haben. Die Messer des Schneidwerks können für Wartungsarbeiten oder zum Zweck der Änderung der Schnittlänge leicht entnommen werden. Nach dem hydraulischen Absenken kann der Messerkasten wie eine Schublade herausgezogen werden. Andere BiG-Pack-Ausführungen sind die 1270 MultiBale, bei der der Großballen in bis zu neun kleine Ballen zerlegt werden kann, und die 1290 HDP, die sich durch eine besonders hohe Dichte der Ballen auszeichnet. ◂

Bei dieser BiG Pack 1270 handelt es sich um die MultiBale-Ausführung. Diese Maschine ermöglicht es, den Großballen in bis zu neun Einzelballen zu unterteilen. Die Länge der Teilballen kann in einem Bereich von 30 bis 135 Zentimetern stufenlos eingestellt werden. Auf diese Weise können beispielsweise die Futterportionen bereits an der Maschine festgelegt werden.

Ihre Leistungsfähigkeit demonstriert diese MF 2190. Gezogen wird die Großballenpresse von einem Massey-Ferguson-Traktor. Vom Schlepper wird eine Mindestleistung von 150 PS bei der Ballenpressenversion ohne Schneidwerk und von 200 PS bei der Ausführung mit Schneidwerk verlangt.

TECHNISCHE DATEN

Typ	MF 2190
erf. Schlepper-Mind.-Leistung	150 PS (110 kW) (o. Schneidwerk)/ 200 PS (147 kW) (m. Schneidwerk)
Pickup	
Breite	226 cm
Zinkenreihen	6
Anzahl Messer	19
Presskanal	
Breite	120 cm
Höhe	128 cm
Kolbenhübe	33 Hübe/min
Ballenlänge	bis 270 cm
Anzahl Knoter	6
Länge in Transportstell.	7.860 mm
Breite	3.260 mm (Einz.-A.)/ 3.000 mm (Tand.-A.)
Höhe	5.582 mm
Gewicht	9.942 kg (Einz.-A.)/ 10.315 kg (Tand.-A.)

Geschichte: Massey Ferguson stellte 2007 die aus Großballenpressen bestehende Baureihe 2100 auf der Landtechnikmesse Sima in Paris vor und begann die Markteinführung noch im gleichen Jahr. Produziert werden die Ballenpressen im AGCO-Werk Hesston, wo man auf eine lange Erfahrung im Ballenpressenbau verweisen kann. Bereits 1978 hatte Hesston eine Großballenpresse eingeführt, die in dieser Art noch einzigartig war. Heute werden in Hesston nicht nur Ballenpressen für Massey Ferguson, sondern auch in gelber Farbe für die AGCO-Marke Challenger und in grünem Lack für Fendt hergestellt.

Modelle: Zur 2100-Reihe gehören derzeit vier Modelle, die alle Ballen mit einer Länge von bis zu 270 Zentimetern erzeugen können. Der Presskanal hat bei den Modellen MF 2160, MF 2170 und MF 2190 eine Breite von 120 Zentimetern. Bei

Bis zu 2,7 Meter lange Ballen kommen aus der Presskammer der MF-2100-Modelle. Die Ballenpressen können auf Wunsch mit einer integrierten Wiegeeinrichtung ausgestattet werden. Mit diesem System wird jeder Ballen, der auf die Ballenschurre gedrückt wird, präzise gewogen.

Die Ballenpressen der 2100-Reihe sind wahlweise mit einer einfachen oder mit einer gefederten Tandemachse erhältlich. Die Tandemachse hat den Vorteil, dass sie eine höhere Transportgeschwindigkeit erlaubt, mehr Bodenfreiheit bietet und durch die größere Aufstandsfläche für einen geringeren Bodendruck sorgt.

der MF 2150 beträgt die Kanalbreite nur 80 Zentimeter. Die Ballenhöhe der MF 2150 liegt bei 88 Zentimetern. 70 Zentimeter hohe Ballen erzeugt die MF 2160. Einen 87,5 Zentimeter hohen Presskanal besitzt die MF 2170. Die größten Ballen kann die MF 2190 mit einer Presskanalhöhe von 128 Zentimetern erzeugen. Ein 240 Zentimeter langer Ballen der MF 2190 kann ein Gewicht von 720 Kilogramm erreichen.

Technik: Alle Modelle der Baureihe sind in Ausführungen mit und ohne Schneidwerk erhältlich. Das optionale Schneidwerk arbeitet bei der MF 2150 mit elf Messern. Die anderen Modelle verfügen über insgesamt 19 Messer. Die Schnittlänge beträgt mindestens 48 Millimeter. Die Leistungsanforderungen an die Traktoren sind bei der Ausstattung mit dem Schneidwerk um 40 bis 50 PS höher. ◂

Wartungsarbeiten an den 2100er-Ballenpressen können schnell und ohne großen Aufwand durch das Öffnen der Seitenverkleidung durchgeführt werden. 30 Garnrollen versorgen die Knoter mit Bindegarn. Die MF 2150 ist mit vier Doppelknotern ausgestattet, während die anderen Modelle über sechs Doppelknoter verfügen.

Diese Variant 385 wird von einem Claas Ares gezogen. Die Ballenpresse wurde in dem Claas-Werk in Metz hergestellt. Aus dem französischen Le Mans kommt der Traktor. Bis zu der Übernahme 2003 durch Claas war Le Mans der Sitz und Produktionsstandort von Renault Agriculture.

Modelle: Claas führte die zunächst aus zwei Modellen bestehende neue Variant-Reihe 2006 ein. Es handelte sich dabei – wie der Name bereits andeutet – um Rundballenpressen mit variabler Kammer. Die Variant-Modelle sind für den anspruchsvollen Dauereinsatz konzipiert und haben deshalb vor allem Lohnunternehmer und große Betriebe als Zielgruppe im Auge. Die beiden größten Modelle der Baureihe sind heute die Variant 380 RC und die Variant 385 RC. Beide können Ballen mit ei-

TECHNISCHE DATEN

Typ	Variant 385 RC
erf. Schlepper-Mind.-Leistung	k. A.
Zapfw.-Drehzahl	1.000 U/min
Pickup	
Breite	210 cm
Zinkenreihen	k. A.
Anzahl Messer	14
Ballenbreite	120 cm
Ballendurchm.	90–180 cm
Länge	468 cm
Breite	249–266 cm
Höhe	299–303 cm
Gewicht	2.670 kg

Für Lohnunternehmer ist Zeit Geld. Mit dieser Zielgruppe im Auge führte Claas eine Reihe von Hochleistungsballenpressen ein, die für den Dauereinsatz und für die Arbeit mit hohen Geschwindigkeiten konzipiert sind. Die Variant-Modelle zeichnen sich außerdem durch eine einfache Bedienung über Terminals aus.

Ballenpressen müssen nicht nur auf dem Feld schnell arbeiten, sondern auch zum Einsatzort möglichst schnell gelangen können. Mit der Variant ist auf der Straße eine Geschwindigkeit von bis zu 50 Stundenkilometern möglich. Optional ist die Ausstattung mit einer Bremsachse, die für zusätzliche Sicherheit sorgt.

nem Durchmesser von bis zu 1,80 Metern formen.

Technik: Das RC in der Typenbezeichnung der Variant-Modelle steht für die Schneideinrichtung „Roto Cut". Mit 14 Messern zerkleinert der Schneidrotor das Erntegut in kurze Stücke. Die Modelle Variant 360 und Variant 380 sind auch ohne Schneidwerk erhältlich. Für einen gleichmäßigen Gutfluss und das Befüllen der Presskammer ist bei diesen Ausführungen der Hochleistungsrotor „Roto Feed" zuständig. Vier Endlos-Pressbänder formen und verdichten die Ballen. Die Bänder in der Presskammer arbeiten mit einer Geschwindigkeit von drei Metern pro Sekunde und erreichen dadurch ein sehr hohes Leistungsniveau. Der Bindevorgang wird in ungefähr fünf Sekunden durchgeführt.

Ausstattung: Über ein Bedienterminal lassen sich von der Kabine aus Einstellungen an der Ballenpresse vornehmen. So können zum Beispiel die Größe des Ballens und die Dichte des Kerns über das Terminal bestimmt werden. Noch einfacher ist die Bedienung mit dem „Claas Communicator", einem größeren Terminal mit einem übersichtlichen Display, das kontinuierlich über die Betriebszustände der Maschine informiert und über das zahlreiche Einstellungen vorgenommen werden können. Über den Communicator kann auch die Komfortbindung, mit der die Netzmenge automatisch dem Ballendurchmesser angepasst wird, gesteuert werden. ◀

Der gewünschte Ballendurchmesser kann von der Kabine aus über das Terminal eingestellt werden. Wenn die Ballengröße erreicht ist, erfolgt innerhalb kurzer Zeit das Binden und das Auswerfen des Ballens. Dadurch muss der Fahrer nur kurz anhalten und es kann ohne großen Zeitverlust weitergepresst werden.

Zum Entladen stoppt der Traktor. Nachdem der Bindevorgang abgeschlossen ist, wird der Ballen ausgeworfen. Der Schutzvorhang am Heck öffnet sich, lässt den Ballen herausrollen und schließt sich wieder. Dies geschieht in wenigen Sekunden und erhöht dadurch die Produktivität der Ballenpresse.

Modelle: Anlässlich der Landtechnikmesse Sima im Februar 2011 stellte John Deere die neu entwickelten variablen Rundballenpressen der Baureihe 900 vor. Das Modell 960 kann Ballen mit einem Durchmesser von bis zu 160 Zentimetern erzeugen, und die 990 rollt das Erntegut in bis zu 185 Zentimeter große Ballen. Gegenüber den Vorgängern zeichnen sich die neuen Modelle durch einen verbesserten Bedienkomfort und eine höhere Pressdichte aus. Als Zielgruppe für die Pressen werden vor allem Lohnunternehmer und große viehaltende Betriebe gesehen.

Technik: Zu den Besonderheiten der 900-Pressen gehört die fehlende

TECHNISCHE DATEN

Typ	John Deere 990 MaxiCut HC 25
erf. Schlepper-Mind.-Leistung	100 PS (74 kW)
Zapfw.-Drehzahl	540 o. 1.000 U/min
Pickup	
Breite	220 cm
Zinkenreihen	5
Anzahl Messer	13 oder 25
Ballenbreite	121 cm
Ballendurchm.	80–185 cm
Länge	k. A.
Breite	273 cm
Höhe	k. A.
Gewicht	4.500 kg

Die Rundballenpressen der 900-Reihe verfügen über die Traktor-Ballenpressen-Automatisierung (TBA), die Abläufe mithilfe der ISOBUS-Technologie automatisiert. Bei diesem System ermitteln Sensoren in der Ballenpresse, dass der Ballen die gewünschte Größe erreicht hat, und übermitteln dies an den Traktor, der zur Entladung anhält.

Heckklappe. Stattdessen verfügen die Maschinen über ein sogenanntes „Vorhang"-System. Das heißt, sobald ein Ballen in der Presskammer die gewünschte Größe erreicht hat, lösen die beweglichen Seitenwände den Druck von den Ballenseiten und die Schutzvorhänge an der Rückseite öffnen sich. Der Ballen kann sofort ausgeworfen werden, ohne dass eine schwere Heckklappe geöffnet werden muss. Ebenso entfällt das Schließen einer Heckklappe. Innerhalb von fünf Sekunden kann die Arbeit wieder fortgesetzt werden.

Ausstattung: Die 900-Modelle sind in verschiedenen Ausführungen erhältlich. Dazu gehört die Version mit dem Schneidwerk MaxCut HC 13, das mit 13 Messern ausgestattet ist und das Erntegut in Stücke mit einer Länge von 70 Millimetern schneiden kann. Das Schneidwerk MaxiCut HC 25 verfügt über 25 Messer und kann mit dem kompletten Messersatz 40 Millimeter lange Stücke erzeugen. Falls man kein Schneidwerk benötigt, kann man die Pressen auch in der RotoFlow-Version beziehen. ◂

Das tragende Element der 900-Ballenpressen ist ein Stahlrahmen, der die anderen Komponenten der Maschine vor Belastungen schützt. Wenn ein Ballen fertig geformt ist, schieben sich die Wände der Pressekammer nach außen, was einen schnellen Auswurf des Ballens ermöglicht.

Die 220 Zentimeter breite Pickup der 900er-Ballenpresse nimmt das Erntegut auf. Hinter der Pickup befindet sich entweder das Schneidwerk oder der Rotor, der für die Weiterbeförderung des Ernteguts zuständig ist. In der Presskammer übernehmen zwei breite Riemen das Formen des Ballens.

Für die Comprima-Pressen stehen mehrere Fahrwerksvarianten zur Verfügung. Die Auswahl besteht zum einen zwischen der Standard- und der Tandemachse, zum anderen kann zwischen gebremsten und ungebremsten Varianten gewählt werden. Die Bremsanlage kann hydraulisch oder mit Druckluft arbeiten.

Geschichte: Mit der Comprima F 125 XC konnte am 21. August 2012 ein neuer Weltrekord aufgestellt werden. Mit der Festkammerpresse gelang es, auf einem Feld in Sachsen-Anhalt innerhalb von einer Stunde 149 Rundballen zu pressen. 2012 erfuhr die Baureihe mit der Einführung der bisher größten Comprima-Presse eine Erweiterung nach oben. Die Comprima V 210 gibt es in einer Ausführung ohne Schneidwerk, in der Version V 210 XC mit dem X-Cut-Schneidwerk sowie als Rundballen-Presswickel-Kombination CV 210 XC. Letztere Version wurde als derzeit größte Presswickel-Kombination vorgestellt. Heu-

TECHNISCHE DATEN

Typ	Comprima V 210 XC
erf. Schlepper-Mind.-Leistung	90 PS (66 kW)
Zapfw.-Drehzahl	k. A.
Pickup	
Breite	215 cm
Zinkenreihen	5
Anzahl Messer	17 oder 26
Ballenbreite	120 cm
Ballendurchm.	100–205 cm
Länge	553 cm
Breite	261 cm
Höhe	315 cm
Gewicht	k. A.

Mit der Comprima V 210 führte Claas ein neues Modell der Superlative ein. Die Ballen der V 210 können einen Durchmesser von 205 Zentimetern erreichen. Ein Ballen mit der maximalen Größe hat 30 Prozent mehr Volumen als der größte Ballen der V 180, der einen Durchmesser von 180 Zentimetern haben kann.

und Strohballen können einen Druchmesser von bis zu 205 Zentimetern und Silageballen von bis zu 175 Zentimetern haben.

Modelle: Krone hatte die Comprima-Reihe 2007 als Profi-Klasse vorgestellt. Die Baureihe umfasst sowohl Festkammerpressen als auch Pressen mit variabler Kammer. Mit der Comprima F 155 führte Krone außerdem zum ersten Mal eine semivariable Rundballenpresse ein. „Semivariabel" bedeutete in diesem Zusammenhang, dass der Ballendurchmesser in Fünf-Zentimeter-Stufen im Bereich von 125 bis 150 Zentimetern verstellt werden kann. Zur Comprima-Reihe gehören auch zwei Modelle, die mit einem Folienwickler ausgestattet sind.

Technik: Die Pickup besitzt bei allen Comprima-Modellen eine Breite von 215 Zentimetern. Fünf Zinkenreihen sorgen für ein sauberes Aufnehmen des Ernteguts. Für die Zufuhr des Ernteguts von der Pickup zur Presskammer ist entweder ein Förderrotor oder ein Schneidrotor zuständig. Mit 17 oder optional 26 Messern zerkleinert der Schneidrotor das Erntegut. ◂

Die Comprima F 155 XC ist eine Ballenpresse mit semivariabler Festkammer. Einer der Vorteile dieses Systems ist der im Vergleich zu den Variokammerpressen einfachere Aufbau. Das teilvariable Presskammermodell ist dadurch kostengünstiger, wartungsarmer und servicefreundlicher.

Bei der Ausführung als Wickelkombination kommt der Rundballen aus der Presskammer direkt auf den Wickeltisch. Sollte der Ballen wegen des unebenen Geländes nicht von selbst auf den Wickeltisch rollen, wird durch den Ballenheber nachgeholfen. Das Wickeln erfolgt mit zwei Folienrollen.

Mit der BR7070 lassen sich Ballen mit einem Durchmesser von 90 bis 180 Zentimetern herstellen. Die Bindung kann je nach Ausstattung mit Garn, Netz oder beiden Bindearten erfolgen. Die Zahl der Umwicklungen kann, wie viele andere Einstellungen, vom Fahrer von der Kabine aus festgelegt werden.

Geschichte: In dem kleinen Ort New Holland im amerikanischen Bundesstaat Pennsylvania hat die bedeutende Landmaschinenmarke New Holland ihren Ursprung. New Holland ist mittlerweile weltweit präsent und besitzt Produktionsstätten in zahlreichen Ländern. In dem Ursprungsort des berühmten Landtechnikunternehmens werden nach wie vor Maschinen für die Marke hergestellt, vor allem Ballenpressen. Seit dem Zusammenschluss von New Holland mit Case IH zu Case New Holland werden in der Kleinstadt auch Ballenpressen für die CNH-Marke Case IH montiert. Weitere Ballenpressenwerke von New Holland sind Zedelgem in Belgien und Płock in Polen.

TECHNISCHE DATEN

Typ	BR7070 Rotor/ RB464 Schneidrotor
erf. Schlepper-Mind.-Leistung	80 PS (58,7 kW)
Zapfw.-Drehzahl	540 U/min
Pickup	
Breite	230 cm
Zinkenreihen	4
Anzahl Messer	15
Ballenbreite	120 cm
Ballendurchm.	90–180 cm
Länge	475 cm
Breite	259 cm
Höhe	285–298 cm
Gewicht	3.200 kg

Der Schneidrotor verfügt über 15 Zinkensätze mit jeweils drei Doppelzinken. Das Erntegut wird durch eine Reihe von 15 Messern gedrückt. Die Messer können durch einen Hydraulikzylinder, der vom Traktor aus bedient wird, ein- und ausgeschwenkt werden.

Modelle: Bei der BR7000-Reihe von New Holland handelt es sich um Ballenpressen mit variabler Kammer für Lohnunternehmer und große Betriebe. Das Modell BR7060 kann Ballen bis zu einem Durchmesser von 1,50 Metern erzeugen. Bis zu 1,80 Meter große Ballen können von der BR7070 gebunden werden. Die beiden Modelle stehen auch unter der Bezeichnung RB454 und RB464 in Versionen von Case IH zur Verfügung. Die New-Holland-Modelle sind in einer Ausführung mit Schneidrotor sowie als Raffer-Version, bei der das Erntegut nicht zerkleinert wird, erhältlich. **Technik:** Die Ausführung mit dem Schneidrotor zeichnet sich durch eine Pickup mit einer Breite von 230 Zentimetern aus. Das Erntegut wird durch den Förderrotor direkt zur Ballenkammer oder über den Schneidrotor durch eine Reihe von Messern weitergeleitet. In der Ballenkammer wird zuerst der Ballenkern erzeugt. Der Pressdruck lässt sich einstellen. Der Ballen wird von sechs Endlosbändern umschlungen, zum Drehen gebracht und beständig verdichtet. ◂

Die RB454 ist das Case-IH-Äquivalent der New-Holland-Presse BR7060. Die Maschine ist für eine möglichst komfortable Bedienung konzipiert. Der Fahrer kann während des Pressvorgangs über eine Anzeige jederzeit die aktuelle Ballengröße ablesen. Sobald die Bindung einsetzt, wird dies durch ein Signal mitgeteilt.

Die Case-IH-Ballenpressen sind mit Niederdruckreifen ausgestattet, wodurch der Druck auf den Boden und die Bodenverdichtung niedrig gehalten werden. Das Gewicht beträgt etwa 3.200 Kilogramm. Auf der Straße sind mit der Ballenpresse bis zu 40 km/h möglich.

„Intelligent Density" heißt die Vorrichtung, die es erlaubt, die Ballendichte über das Terminal von der Fahrerkabine aus vorzuwählen und auf diese Weise einen maßgeschneiderten Ballen zu erzeugen. Dabei kann für den Kern, die Mitte und den Rand des Ballens die Dichte separat bestimmt werden.

Geschichte: Das Akronym Vicon steht für „Vissers Construction Nieuw-Vennep". Das Unternehmen wurde 1910 von dem niederländischen Landarbeiter Hermann Vissers gegründet. 1947 begann Vicon mit der Herstellung von Landmaschinen. Dazu zählten anfangs Kartoffellegemaschinen und Sternrechen. Später kamen auch Düngemaschinen, Scheibenmäher und schließlich auch Ballenpressen hinzu. 1998 wurde Vicon ein Teil der Kverneland-Gruppe. Nach dem Verkauf des niederländischen Ballenpressenwerks gab es zunächst keine Vicon-Ballenpressen mehr. 2009 begann Kverneland jedoch eine Zusammenarbeit mit dem italienischen Gallignani, die bis 2012 in die

Die RV 4216 ist eine Ballenpresse mit variabler Presskammer. Der Ballen kann einen Durchmesser von 60 bis 120 Zentimeter erreichen. Eine 2,2 Meter breite Pickup mit fünf Zinkenreihen nimmt das Erntegut auf. Ein Hochleistungsrotor befördert das Erntegut zur Presskammer. Optional ist die Ausstattung mit einem Schneidwerk.

TECHNISCHE DATEN

Typ	4220 SC-25
erf. Schlepper-Mind.-Leistung	100 PS (74 kW)
Zapfw.-Drehzahl	540 U/min
Pickup	
Breite	220 cm
Zinkenreihen	5
Anzahl Messer	25
Ballenbreite	120 cm
Ballendurchm.	60–200 cm
Länge	475 cm
Breite	252 cm
Höhe	282 cm
Gewicht	3.920 kg

Diese MF 516 V wird von einem Massey-Ferguson-Traktor der 6400-Serie gezogen. Der Leistungsbedarf der Ballenpresse liegt ohne Schneidwerk bei 65 PS, mit dem 14-Messer-Schneidwerk bei 75 und mit dem 25-Messer-Schneidwerk bei 95 PS. Die 516 V ist das Massey-Ferguson-Äquivalent zur Vicon-Presse RV 4216 und zum Fendt-Modell 5160 V.

vollständige Übernahme durch die Kverneland-Gruppe mündete. Seit Beginn der Zusammenarbeit werden wieder Ballenpressen unter dem Markennamen Vicon hergestellt – wenn auch in Italien.

Modelle: Zur Vicon-Baureihe 4200 gehören die beiden Modelle 4216 und 4220 mit variabler Kammer. Beide Ballenpressen sind in Ausführungen mit einem Rotor, einem Schneidwerk mit 14 Messern und einem Schneidwerk mit 25 Messern erhältlich. Die beiden Modelle werden in roter Farbe auch als Massey-Ferguson-Modelle MF 156 V und MF 520 V sowie in grünem Lack als Fendt 5160 V und 5200 V verkauft.

Technik: Mit dem Schneidwerk mit 14 Messern ist eine Schnittlänge von mindestens 70 Millimetern möglich. Wer das Erntegut noch kleiner haben möchte, kann auf die Version mit dem Schneidwerk mit 25 Messern zurückgreifen. Diese Ausführung kann das Erntegut in nur 40 Millimeter lange Stücke zerkleinern. Es müssen jedoch nicht alle Messer gleichzeitig aktiviert sein. Die Bindung kann abhängig von der Ausführung mit Netz, Garn oder mit beidem erfolgen. ◂

Die Landmaschinenhersteller sind nicht immer Konkurrenten, sondern oft auch Kooperationspartner. Ein Beispiel dafür sind die Rundballenpressen, die Kverneland nicht nur für die eigene Vicon-Marke, sondern auch für die AGCO-Marken Fendt und Massey Ferguson produziert. Dieses Bild zeigt eine Fendt 5160 V.

Sowohl Mähmaschinen als auch Schwader werden immer leistungsfähiger. Eine große Arbeitsbreite hat mehrere Vorteile. Sie verringert nicht nur die Zeit, die zum Schwaden nötig ist, sondern außerdem die Arbeitszeit des Feldhäckslers oder der Ballenpresse, die später den Schwad aufnimmt. Außerdem verringert sich die Bodenbelastung.

Modelle: Liner heißen die Schwader bei Claas. Die Baureihe umfasst unterschiedliche Modelle. Dazu gehören Einkreiselschwader mit einer Arbeitsbreite bis 4,80 Metern, Zweikreisel-Seitenableger mit einer Arbeitsbreite von bis zu acht Metern und Zweikreisel-Mittenableger mit einer Arbeitsbreite von bis zu zehn Metern. Die richtigen Geräte der Superlative sind die Vierkreiselschwader, die den Schwad in der Mitte erzeugen. Der Liner 3500 besitzt eine Arbeitsbreite von 12,50 Metern. Bei 15 Metern liegt die Arbeitsbreite des Liner 4000. Die Liner-Modelle werden in Bad Saulgau produziert. In der oberschwäbischen Stadt hatte

Beim Einsatz großer Geräte ist es wichtig, die Arbeitsbreite voll auszunutzen und Überschneidungen oder Auslassungen zu vermeiden. Claas bietet für ein exaktes Arbeiten zwei Hilfsmittel, nämlich das GPS-gesteuerte Parallelfahrsystem „Outback" und das automatische Lenksystem „GPS Pilot".

TECHNISCHE DATEN

Typ	Liner 4000
Leistungsbedarf	k. A.
Zapfw.-Drehzahl	540 U/min
Arbeitsbreite	12,20–15,00 m
Schwadbreite	1,50–2,60 m
Schwadablage	mittig
Anz. d. Kreisel	4
Kreiseldurchm.	380 cm
Zinkenträger pro Kreisel	14
Doppelzinken pro Träger	4
Transp.-/Abstellstellung L/B/H	1.016/300/357–399 cm
Gewicht	5.850 kg

Der Liner 2900 ist ein Schwader mit zwei Kreiseln, deren Durchmesser bei 3,80 Metern liegt. Die Arbeitsbreite kann acht bis neun Meter betragen. Die Schwaden, die mit dem Liner 2900 erzeugt werden, können eine Breite von 1,20 bis 2,40 Metern haben.

einst die Landmaschinenfabrik Josef Bautz ihren Sitz. 1969 hatte Claas den bekannten Landmaschinenhersteller übernommen. Seitdem werden in der Kur- und Bäderstadt Erntemaschinen für Claas hergestellt.

Technik: Die Liner-Modelle 4000 und 3500 sind mit vier Kreiseln ausgestattet. Jeder Kreisel besitzt 14 Zinkenarme. Die Zinkenarme können ohne großen Aufwand ausgetauscht werden. Zu diesem Zweck muss nur eine Bügelsicherung gelöst werden. Die Kreisel laufen bei beiden großen Modellen auf Fahrwerken mit vier Rädern. Beim Zweikreiselschwader Liner 3100 sind die Kreisel mit sechsrädrigen Fahrwerken ausgestattet.

Ausstattung: Alle Funktionen der Vierkreiselschwader können komfortabel in der Traktorkabine über das Communicator-II-Terminal bedient werden. Der Fahrer muss weder zum Einklappen noch zum Ausklappen der Ausleger absteigen. Auch die Arbeits- und Schwadbreite kann über das Terminal stufenlos verstellt werden. Schließlich kann über den Communicator II sogar die Flächenleistung berechnet werden. ◂

Dieses Bild zeigt einen Kreisel des Liner 2700. Der Durchmesser des Kreisels beträgt 3,20 Meter. Die Kreisel der meisten Liner-Schwader werden von Vierradfahrwerken getragen. Eine Ausnahme ist der Liner 3100, der auf Sechsradfahrwerken läuft. Für den Transport auf der Straße werden die Kreisel seitlich hochgeklappt.

Über sechs Kreisel mit einem Durchmesser von 330 Zentimetern verfügt der Swadro 2000. Die beiden hinteren Kreisel drehen sich schneller als die vier vorderen. Die Arbeitsbreite lässt sich über das Verstellen der Ausleger, an denen sich die Kreisel befinden, auf den gewünschten Wert einstellen.

TECHNISCHE DATEN

Typ	Swadro 2000
Leistungsbedarf	130 PS (96 kW)
Zapfw.-Drehzahl	540 U/min
Arbeitsbreite	10–19 m
Schwadbreite	1,60–2,80 m
Schwadablage	mittig
Anz. d. Kreisel	6
Kreiseldurchm.	330 cm
Zinkenträger pro Kreisel	4 x 13/2 x 15
Doppelzinken pro Träger	4
Transp.-/Abstellstellung L/B/H	1.300/299,5/399,5 cm
Gewicht	9.400 kg

Modelle: Swadro nennt Krone die Reihe von Schwadern, die das Emsländer Unternehmen im Produktionsprogramm hat. Das Spektrum der Swadro-Serie reicht vom kleinen Gerät bis zum Modell der Superlative. Das untere Ende der Angebotspalette in Hinsicht auf die Größe bilden die Einkreiselschwader, die für den Anbau an der Heckhydraulik des Traktors bestimmt sind. Ihre Arbeitsbreite liegt bei 3,50 bis 4,60 Metern. Eine Arbeitsbreite von 3,80 bis 4,60 Metern können die gezogenen Einkreiselschwader vorweisen. Bei den Zweikreiselschwadern, die alle gezogen werden, gibt es Modelle mit Mittelablage und Seitenablage. Die Arbeitsbreite kann bis zu zehn Meter betragen. Über eine Arbeitsbreite von 9,70 Metern verfügt der Dreikreiselschwader. Die nächsthöhere Klasse sind die Vierkreiselschwader, die auf einer Breite von 11 bis 13,50 Metern arbeiten. Mit einer Arbeitsbreite von 10 bis 19 Metern nimmt der Swadro 2000 nicht nur innerhalb der Baureihe, sondern

Mit dem Swadro 2000 kann auf der Straße bis zu 40 km/h schnell gefahren werden. Mit dem Transportfahrwerk kann gelenkt werden, sodass der Schwader trotz seiner enormen Länge auch um enge Kurven kommt. Die großvolumigen Reifen sorgen für einen geringen Bodendruck.

Die Arbeitsbreite kann auf die Aufnahmebereitschaft der nachfolgenden Maschinen, beispielsweise einer Ballenpresse oder eines Häckslers, abgestimmt werden. Das Verschieben der Schwenkarme erfolgt synchron. Alle Einstellungen können von der Kabine aus über das Terminal vorgenommen werden.

auch im Vergleich zu den Maschinen anderer Marken, eine Spitzenposition ein.

Technik: Mit dem Swadro 2000 ist eine Flächenleistung von bis zu 20 Hektar pro Stunde zu schaffen. Von den sechs Kreiseln verfügen die vier vorderen jeweils über 13 Zinkenarme und die zwei hinteren über 15 Zinkenarme. Der Schwad wird in der Mitte erzeugt. Die Schwadbreite ist einstellbar und kann im Bereich zwischen 1,60 bis 2,80 Metern liegen.

Ausstattung: Die Arbeitsbreite des Swadro 2000 lässt sich stufenlos variieren. Dies geschieht durch das beidseitige synchrone Verstellen der Schwenkarme, an denen sich die Kreisel befinden. Auch die Schwadbreite lässt sich durch das hydraulische Variieren der beiden hinteren Kreisel auf das gewünschte Maß einstellen. ◂

Nur ein Tastendruck ist nötig, um den Swadro 2000 in Transportstellung zu bringen. Zuerst werden die Kreisel bis zur Vorgewendestellung angehoben. Als Nächstes werden die Auslegerarme nach innen geschwenkt. Die Kreisel können anschließend senkrecht gestellt werden. Die Transporthöhe beträgt fast vier Meter.

KUHN GA 15031

Jeder Kreisel dieses Schwaders von Kuhn läuft auf vier Rädern. Die drei vorderen sind Führungsräder, deren Aufgabe es ist, die Kreisel an Bodenunebenheiten anzupassen. Sie laufen deshalb nahe an den Zinken. Das hintere Rad soll für eine stabile Führung unter allen Bedingungen sorgen.

Geschichte: Das von dem Dorfschmied Joseph Kuhn gegründete Unternehmen produziert seit 1864 Landmaschinen. Produktionsstandorte von Kuhn gibt es heute in Frankreich, den Niederlanden, den USA und Brasilien. Hauptsitz ist jedoch nach wie vor das elsässische Saverne. Das Produktionsprogramm umfasst Pflüge, Geräte zur Bodenbearbeitung, Drillmaschinen, Feldspritzen, Feldhäcksler, Mulchgeräte, Ballenpressen und anderes. Eine wichtige Stellung nehmen auch die Maschinen zur Futterernte ein wie Mähwerke, Giroheuer und Schwader.

Modelle: Kuhn bietet eine umfangreiche Palette von Giroschwadern, wie die Kreiselschwader aus Saverne genannt werden. Dazu gehören Schwader, die an der Dreipunktauf-

TECHNISCHE DATEN

Typ	GA 15031
Leistungsbedarf	120 PS (88 kW)
Zapfw.-Drehzahl	1.000 U/min
Arbeitsbreite	9,40–14,70 m
Schwadbreite	1,50–2,50 m
Schwadablage	mittig
Anz. d. Kreisel	4
Kreiseldurchm.	365 cm
Zinkenträger pro Kreisel	13
Doppelzinken pro Träger	4
Transp.-/Abstellstellung L/B/H	1.020/300/400 cm
Gewicht	7.200 kg

Der Antrieb der Schwaderkreisel erfolgt hydraulisch. Der Vorteil ist ein weicher und leiser Lauf. Falls die Kreisel auf eine Bodenunebenheit oder eine größere Mähgutmenge treffen, kommen sie nicht ins Stocken, sondern drehen sich langsamer weiter, bis die höhere Belastung überwunden ist. Sie kehren dann automatisch in die ursprüngliche Drehgeschwindigkeit zurück.

Für den Transport werden die Kreisel seitlich hochgeklappt. Die Achse des Schwaders ist hydropneumatisch gefedert. Durch diese Federung ist der Rahmen einer geringen Stoßbelastung ausgesetzt, was Sicherheit beim Fahren auf Straßen und unebenen Wegen bietet sowie die Lebensdauer der Maschine erhöht.

hängung des Traktors angebaut werden, aufgesattelte sowie gezogene Schwader. Das größte Modell ist der aufgesattelte Giroschwader GA 15031. Mit seinen vier Kreisel kann die Maschine in einer Breite von 9,40 bis 14,70 Metern schwadern. Der GA 15031 ist für den Großflächeneinsatz, für die Verwendung bei Lohnunternehmern und Maschinenringen konzipiert.

Technik: Der GA 15031 arbeitet mit 208 Doppelzinken, die an 52 Zinkenarmen angebracht sind. Jeder der vier Kreisel fährt auf vier Rädern. Für druck- und verdichtungsempfindliche Böden sind extra breite Reifen verfügbar. Die Bedienung sämtlicher Funktionen kann über eine elektrische Bedieneinheit von der Traktorkabine aus vorgenommen werden. Dazu gehören die Einstellung der Arbeitsbreite und der Schwadbreite, die Kreiselaushebung, die Höhenverstellung der einzelnen Kreisel und weitere Funktionen. ◀

Der Rahmen des Schwaders kann hydraulisch in drei Stellungen gebracht werden. Für Straßenfahrten nimmt er eine Tiefstellung ein. Die Mittelstellung ist für den Schwadbetrieb vorgesehen. Zum Überfahren von großen Schwaden kann die Maschine in eine Hochstellung gebracht werden.

Special: Pflüge

Der Pflug gehört zu den ältesten landwirtschaftlichen Geräten. Seine Aufgabe ist es, den Boden zu lockern, zu wenden und durchzumischen. Die Überreste der vorhergehenden Ernte werden mit dem Pflügen in den Boden gearbeitet, wo der Abbau durch das Schaffen des richtigen Porenvolumens gefördert und das Bakterienleben im Boden angeregt werden soll. Gleichzeitig sollen unerwünschte Pflanzen, das sogenannte Unkraut, durch das Pflügen am Wachsen gehindert werden.

Die Bauteile eines einscharigen Karrenpflugs

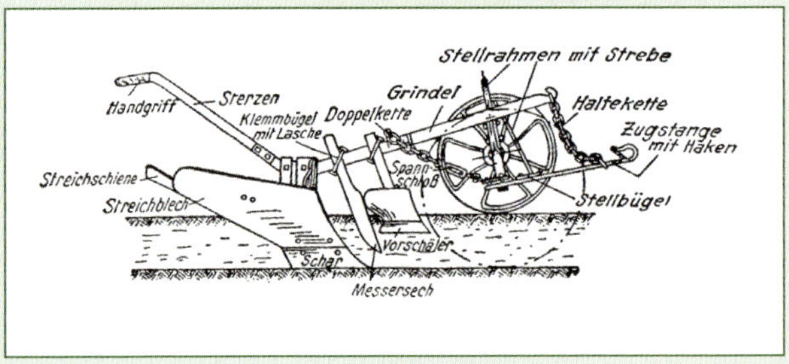

Die Frühzeit der Pflüge

Der Pflug gilt oft als Symbol des Landbaus schlechthin. Seine Erfindung gehört zu den größten Errungenschaften der Menschheit und steht am Anfang der Landwirtschaftsgeschichte. Bilder von Pflügen tauchen bereits auf fünftausend Jahre alten Tontafeln in Mesopotamien auf.

Dieses Ackergerät war so wichtig, dass dessen Diebstahl oder Beschädigung in vielen frühen Gesellschaften ganz besonders drastisch geahndet wurde.

Gezogen wurden die Pflüge anfangs von Menschen und, sobald man Arbeitstiere zur Verfügung hatte, von Ochsen, Pferden, Kamelen und sogar Elefanten. Bis ins neunzehnte Jahrhundert und vielleicht auch noch länger gab es Kleinbauern, die sich nicht einmal ein Zugtier leisten konnten und die zum Bearbeiten des kleinen Feldes auf die menschliche Zugkraft angewiesen waren.

Die ersten Pflüge zogen einfach Furchen, anstatt die Erde mithilfe eine Streichbretts zu wenden. Immerhin führten die antiken Griechen bereits einen Pflug mit Rädern ein.

Lange Zeit machte die Entwicklung des Pflugs kaum Fortschritte. Eine bedeutende Verbesserung kam erst im siebzehnten Jahrhundert in den Niederlanden auf. Die industrielle Fertigung begann im achzehnten Jahrhundert in Großbritannien. Ab diesem Zeitpunkt gewann die Weiterentwicklung der Pflüge an Fahrt.

Pflüge am Traktor

Was die Größe der Pflüge betraf, stellte die Einführung der Traktoren ein entscheidendes Ereignis dar, denn obwohl die ersten Schlepper noch nicht mit hohen PS-Zahlen glänzen konnten, hatten sie doch den Vorteil, dass sie nicht ermüdeten. Im Laufe der Zeit verlieh man den Traktoren immer stärkere Motoren, was wiederum die Arbeit mit größeren Pflügen ermöglichte.

Am Anfang hängte man, wie man es von der Arbeit mit Pferden gewohnt war, die Pflüge einfach an den Traktoren an. Wenn der Pflug jedoch auf ein Hindernis stieß,

Dieser angebaute Drehpflug verfügt über drei Pflugkörper. Zuerst wird mit einer Seite des Pflugs in eine Richtung gearbeitet. Am Vorgewende wird der Pflug gedreht und auf dem Rückweg wird mit den Scharen, die sich vorher oben befanden, gepflügt.

Über zwölf Pflugkörper verfügt dieser Heros 1000 von Vogel & Noot. Mit Pflügen dieser Größenordnung lassen sich enorme Arbeitsbreiten erreichen.

EINIGE GROSSE PFLÜGE BEDEUTENDER HERSTELLER

	Modell	Pflugkörper	Gewicht	Leistungsbedarf
Grégoire Besson	SPMF / SPLM 9	9	5.250 kg	310–330 PS
Kverneland	PW 100	7–12	5.150–7.620 kg	286–490 PS
Vogel & Noot	Heros 1000 ST	12	6.508 kg	bis 300 PS

konnte es geschehen, dass sich der Traktor aufbäumte. Harry Ferguson kam in den 1920er-Jahren auf die Idee, das Gerät an drei Punkten am Traktorheck zu befestigen. Dadurch bildete das Gerät mit dem Traktor eine feste Einheit, was ein Aufbäumen verhinderte. Der Pflug konnte außerdem hydraulisch gehoben und gesenkt werden. Die Dreipunkthydraulik wurde später zum Standard beim Geräteanbau.

Mit der mechanischen Kraft setzten sich auch die Kehrpflüge durch. Das Problem war bisher gewesen, dass man nur in eine Richtung pflügen konnte, da das Streichbrett des Pflugs die Erde nur in eine Richtung auswarf. Beim Drehpflug besitzt jeder Pflugkörper ein Gegenstück, das die Erde in die umgekehrte Richtung wendet. Wenn man beim Pflügen am Ende des Ackers ankommt, wird der Pflug gedreht und auf dem Rückweg der andere Pflugkörper benutzt. Auf diese Weise wird die Erde immer in die gleiche Richtung geworfen und ein einheitliches Arbeitsergebnis erzielt.

Aufgesattelte Pflüge

Mit der wachsenden Größe der Pflüge stieg auch deren Gewicht. Selbst große Traktoren konnten die Ackergeräte nicht mehr hydraulisch heben. Man stattete deshalb die Pflüge statt der kleinen Führungsräder mit richtigen Fahrwerken aus. Diese Pflüge laufen auf einem großen Rad oder manchmal auch auf zwei Rädern. Das Fahrwerk trägt einen Teil des Gewichts, den anderen Teil trägt der Traktor.

Ein weiterer Entwicklungsschritt ist der Hybrid-Drehpflug, der die Vorteile des angebauten mit denen des aufgesattelten Systems kombiniert. Über den Oberlenker der Dreipunktaufhängung kann beim Hybrid-System das Gewicht je nach Einsatzbedingung vom Stützrad auf die Traktorhinterachse verlagert werden. Die Entwicklung geht auch in anderer Hinsicht weiter. Beispielsweise wurden Streifenkörper entwickelt, die für einen geringeren Zugkraftbedarf sorgen. Pflüge werden heute auch oft mit anderen Geräten kombiniert, zum Beispiel mit Untergrundpackern. ◂

Grégoire Besson gehört zu den bekanntesten Herstellern großer Pflüge. Die Aufsattelpflüge des französischen Unternehmens waren oft an Pflugweltmeisterschaften beteiligt.

Säen auf weiten Flächen: Die großen Drill- und Sämaschinen

Das Säen wurde vor der Einführung der Sämaschinen mit der Hand vorgenommen. Aus der Legewanne oder Legeschürze verteilte man das Saatgut auf dem Feld.

Die richtige Bodenbearbeitung, die Düngung und die Pflege der Pflanzen gehören zu den Voraussetzungen für eine gute Ernte. Ein weiterer Faktor ist das Ausbringen des Saatgutes. Die einzelnen Pflanzen müssen einen bestimmten Standraum besitzen, um ungehindert wachsen zu können, sowie die passende Tiefenlage haben und in gleichmäßigen Reihen stehen. Um diese Aufgabe zu erleichtern, wurde die Sämaschine entwickelt. Moderne Sämaschinen, die das Saatgut in Reihen ablegen – sogenannte Drillmaschinen – können sehr präzise arbeiten und enorme Flächenleistungen erzielen.

Die ersten Sämaschinen

Das Ausbringen der Saat war lange Zeit reine Handarbeit. Nach dem Vorbereiten des Bodens ging man mit einer Legeschürze oder Legewanne – auch Saatschürze und Saatwanne bezeichnet – über das Feld und verstreute das Saatgut. Oft wurde auch ein Stock verwendet, mit dem man ein Loch in den Boden machte, in das man anschließend ein Saatkorn fallen ließ. Dies hatte den Vorteil, dass man die Abstände relativ genau einhalten konnte und dass man mit einiger Übung auch die passende Tiefe erreichte. Im 16. Jahrhundert erschienen in England einige Pamphlete, die das Getreidesäen mit Hilfe des Stocks propagierten. Auch die Verwendung eines Brettes mit regelmäßigen Löchern zum Ablegen der Saatkörner wurde von jemandem vorgeschlagen.

In China soll die erste Sämaschine bereits vor über zweitausend Jahren eingeführt worden sein. In Europa dauerte es noch länger, bis man sich an die Mechanisierung des Säens wagte. 1566 bekam ein gewisser Camillo Torello vom venezianischen Senat ein Patent auf ein System für das Getreidesäen. Es scheint sich um ein Drillgerät gehandelt zu haben. Viel mehr ist jedoch darüber nicht bekannt. 1580 beantragte Tadeo Cavalini in Bologna ein Patent auf ein Drillgerät. Dieses Gerät wurde wie ein Wagen gezogen und besaß eine Schare zum Ziehen einer Furche, in die Saatkörner durch ein Rohr abgelegt werden konnten.

Eine Maschine, die man als Urmutter der modernen Drillmaschinen bezeichnen kann, erfand der englische Grundbesitzer Jethro Tull (1674–1741), der später aufgrund seiner Erfindungen und der von ihm eingeführten Neuerungen als Vater der Agrarwissenschaft be-

Dieses Bild von Amazone zeigt eine Drillmaschine, die von einem Pferd gezogen wird. Daneben befindet sich ein am Traktor angebautes Modell. Die modernen Drillmaschinen werden oft mit anderen Bodenbearbeitungsgeräten kombiniert.

Dieser Traktor führt die Großflächensämaschine Primera von Amazone mit. Vom Saattank gehen die Schläuche aus, die zum Verteilen des Saatguts dienen.

zeichnet wurde. Tulls 1701 vorgestellte Maschine machte ein Loch im Boden, legte ein Korn hinein und verschloss das Loch. Im Englischen sprach man vom „drilling“, wenn man die Saatkörner in Löchern ablegte, weil die Löcher gebohrt (englisch „to drill“) wurden. Die Bezeichnung „Drill“ wurde ins Deutsche übernommen.

Moderne Drillmaschinen

Die Drillmaschinen wurden im Laufe der Zeit von verschiedenen Herstellern verbessert und gewannen schnell an Verbreitung. Zum Ziehen mussten anfangs Pferde oder andere Zugtiere herhalten. Mit der Einführung der Traktoren vereinfachte sich nicht nur ihr Einsatz, sie wurden auch größer und die Tagesleistung vervielfachte sich.

Große Drillmaschinen besitzen viele Scharen, über die das Saatgut im Boden abgelegt wird. Die Saatgutzuteilung erfolgt meist auf pneumatischem Wege über Saatgutleitungen. Das Saatgut befindet sich in Tanks, die Tausende von Litern fassen können. Bei den kleineren oder mittelgroßen Modellen befindet sich der Tank auf der Drillmaschine oder er wird vom Traktor am Frontanbauraum mitgeführt. Die Großflächendrillmaschinen haben oft einen Saat- oder Säwagen dabei. Der Wagen kann sich zwischen dem Traktor und der Sämaschine befinden oder hinter der Maschine angehängt sein. Die Säwagen können ein sehr hohes Gewicht erreichen und sind deshalb mit breiten, bodenschonenden Reifen ausgestattet.

Einsatzgebiete

Drillmaschinen folgen, wie viele andere Landmaschinen, dem Trend zu immer größeren Ausmaßen. Zum traditionellen Markt für große Maschinen, Nordamerika und Australien, kam in den letzten Jahren die Nachfrage nach Großflächensämaschinen aus Osteuropa und den Ländern der ehemaligen Sowjetunion hinzu.

Drillmaschinen werden heute vor allem zum Säen von Getreide, Luzerne, Senf, Soja, Erbsen und Bohnen verwendet. Für den Anbau von Mais, Sonnenblumen, Zuckerrüben und bestimmten Gemüsesorten kommen Einzelkornsämaschinen zum Einsatz. Durch die verbesserte Aussaattechnik sind spätere Vereinzelungsmaßnahmen wie beim Rübenhacken nicht mehr nötig. ◂

Zum Säen bestimmter Früchte kommen Einzelkornsämaschinen zum Einsatz. Die Körner werden einzeln abgelegt und der notwendige Abstand wird zentimetergenau eingehalten.

Trotz der enormen Ausmaße der Condor auf dem Feld ist die Fahrt mit der Drillmaschine auf der Straße kein Problem. Die Maschine kann so weit zusammengeklappt werden, dass die Transportbreite nur bei drei Metern liegt.

Geschichte: Die Ursprünge des im niedersächsischen Hasbergen-Gaste ansässigen Unternehmens Amazonen-Werke H. Dreyer GmbH & Co. KG geht bis ins neunzehnte Jahrhundert zurück. Der Aufstieg begann mit einer Getreidereinigungsmaschine namens „Amazone". Dieser Markenname wurde bald Teil der Firmenbezeichnung, obwohl das Produktprogramm sehr schnell auf zahlreiche andere Maschinen und Geräte ausgedehnt wurde. Heute gehören zum Produktprogramm auch Düngerstreuer, Feldspritzen, Grubber, Eggen und vor allem Sätechnik.

Modelle: 2009 stellte Amazone auf der Agritechnica die Condor-Reihe vor. Es handelt sich dabei um Zinkensämaschinen, die für die Direktsaat in der Stoppel entwickelt worden waren. Die Reihe umfasst zunächst zwei Modelle, nämlich die Condor 12001 und die Condor 15001, die mit einer Arbeitsbreite von 12 beziehungsweise 15 Metern

Die Condor ist für die Arbeit in der großflächigen Landwirtschaft vorgesehen. Diese Condor 15001 befindet sich in der russischen Region Altai im Einsatz. Mit der vorgesehenen Arbeitsgeschwindigkeit von 8 bis 10 km/h ist mit der Sämaschine eine Tagesleistung von ungefähr 150 Hektar zu erreichen.

TECHNISCHE DATEN

Typ	Condor 15001
Leistungsbedarf	270 PS (199 kW)
Arbeitsgeschw.	8–10 km/h
Tagesleistung	ca. 150 ha
Arbeitsbreite	15 m
Reihenabstand	25 cm
Säscharenanz.	60
Ablagetiefe	0–10 cm
Saattankgröße	8.000 l
Transp.-/Abstellstellung L/B/H	k. A./300 cm/k. A.
Gewicht	10.500 kg

aufwarten können. Vom Traktor verlangt die Condor 12001 eine Mindestleistung von 220 PS. Für die Condor 15001 sollte der Schlepper mindestens 270 PS leisten können.
Technik: Die Condor-Sämaschinen sind mit dem neu entwickelten Scharsystem „ConTeC" ausgerüstet. Es handelt sich dabei um Scharen, die für die Saat den Boden aufreißen. Die Saattiefe ist präzise einstellbar. Sie kann bis zu zehn Zentimeter betragen. Bodenunebenheiten werden durch die flexible Aufhängung automatisch ausgeglichen.
Die Scharen haben eine Breite von nur zwölf Millimetern und verursachen dadurch nur eine minimale Bodenbewegung. Ein nachlaufendes Rad sorgt für die Rückverfestigung des Bodens, was vor allem in Trockengebieten wichtig ist. ◄

Die Amazone Condor ist für die Direktsaat bei Großflächenstrukturen konzipiert. Die Technik ermöglicht die Aussaat auf dem abgeernteten Feld, ohne dass eine vorhergehende Bodenbearbeitung nötig wäre. Damit können sowohl Bodenverluste vermieden als auch Kosten durch den geringeren Kraftstoffverbrauch gesenkt werden.

Die Condor führt einen 8.000 Liter fassenden Drucktank mit. Zwei Drittel des Tanks sind für das Saatgut und ein Drittel für den Dünger vorgesehen. Der Dünger wird mit dem Saatgut durch den Säschlitz abgegeben. Die Aussaatmenge kann stufenlos reguliert werden.

Mit einer Arbeitsbreite von 24 Metern gehört die Sprinter 24 NT zu den größten Sämaschinen der Welt. Große Flächen, auf denen der Einsatz einer Maschine dieser Größenordnung rentabel wäre, finden sich in Westeuropa kaum. Es sind vor allem Felder im Osten Europas und in Zentralasien, wo solche Maschinen anzutreffen sind.

Geschichte: Die Horsch Maschinen GmbH ist ein relativ junger Landmaschinenhersteller. Das Unternehmen wurde 1984 von Michael und Walter Horsch in der oberpfälzischen Kleinstadt Schwandorf gegründet. Ein Ziel des Unternehmens war die Entwicklung von Maschinen für die bodenschonende Feldarbeit. Zum Produktprogramm von Horsch gehören seit jeher Maschinen für große Flächen. Neue Möglichkeiten ergaben sich mit der Öffnung des osteuropäischen Marktes. In den ehemals kommunistischen Ländern war die Landwirtschaft von Großbetrieben geprägt, die einen hohen Bedarf an entsprechend leistungsfähigen Maschinen hatten. Es ist dieser Markt, den Horsch mit den größten Modellen der Sprinter-Reihe im Visier hat.

Modelle: Die Sprinter-Reihe, die 2005 auf den Markt kam, setzt sich aus drei Modellen zusammen. Die Sprinter ST ist für die Mulch- und Direktsaat sowie die Saat auf steinigen Böden konzipiert. Für die gleichen Aufgaben, jedoch für eine größere Flächenleistung, ist die

Die Sprinter NT kann mit Stützrädern am hinteren Ende ausgestattet werden. Die Räder tragen die Säeinheit und sorgen auch auf unebenem Gelände für eine Bodenanpassung über die ganze Arbeitsbreite. Die Stützräder sind mit einer bodenschonenden Bereifung versehen.

TECHNISCHE DATEN

Typ	Sprinter 24 NT
Leistungsbedarf	550–600 PS (405–440 kW)
Arbeitsgeschw.	7–10 km/h
Tagesleistung	k. A.
Arbeitsbreite	24 m
Reihenabstand	30 cm
Säscharenanz.	80
Ablagetiefe	k. A.
Saattankgröße	17.000 l
Transp.-/Abstellstellung L/B/H	960/675/610 cm
Gewicht	ab 16.000 kg

Die Verwendung der Sprinter NT eignet sich sowohl auf dem bearbeiteten als auch auf dem unbearbeiteten Boden. Die erste Sprinter 24 NT kam in Kasachstan zum Einsatz. Die Sämaschine musste für den Transport auseinander gebaut und am Zielort wieder zusammengebaut werden.

Sprinter SW vorgesehen. Das größte Modell ist die Sprinter NT, die in zwei Ausführungen erhältlich ist, nämlich als Sprinter 15 NT mit einer Arbeitsbreite von 15 Metern und als Sprinter 24 NT mit einer Arbeitsbreite von 24 Metern.

Ausstattung: Die Sprinter-Modelle führen einen großvolumigen Saattank mit. Der Saattank der Sprinter ST ist auf der Drillmaschine aufgebaut und bietet 3.000 bis 4.000 Liter Saatgut Platz. Die SW- und NT-Modelle haben dagegen einen eigenen Saatwagen mit einem Fassungsvermögen zwischen 8.000 und 17.000 Litern angehängt. Die Tanks sind unterteilt und können entweder vollständig für Saatgut oder zur Hälfte für Saatgut und zur Hälfte für Dünger genutzt werden. ◂

Die Säscharen der Sprinter NT formen Furchen, wobei sie gleichzeitig Kluten und organisches Material wegräumen. In die Furchen wird das Saatgut abgelegt. Die nachfolgende Druckrolle drückt das Saatgut in den feuchten Boden. Der Schardruck kann hydraulisch eingestellt werden.

Über 96 Scharen legt die Accord DG 1200 das Saatgut in den Boden. Die hintere Radreihe dient der Rückverfestigung des Bodens. Dahinter befindet sich eine Reihe von Zinken, die den Boden einebnen. Die Ablagetiefe des Saatguts kann verstellt werden und bis zu acht Zentimeter betragen.

Geschichte: Unter dem Markennamen Accord bietet Kverneland mehrere Drillmaschinen an. Accord war ursprünglich ein eigenes Unternehmen, das 1948 von dem Landwirt Heinrich Weiste gegründet worden war. Das Ziel war von Anfang an der Bau von Sämaschinen. 1964 erfand Helmut Weiste, der Sohn des Unternehmensgründers, eine Schnellkupplung, die ermöglichte, schwere Geräte mühelos am Traktor anzukuppeln. 1966 führte Accord das pneumatische Säsystem ein. Elemente dieses Systems sind die Trennung von Saattank und Säscharen, die zentrale Dosierung und

Das Wenden am Vorgewende ist selbst bei einer Arbeitsbreite von zwölf Metern kein Problem. Von der Kabine aus befindet sich die Maschine stets im Blick und kann über das ISOBUS-Terminal überwacht werden. Über einen Touchscreen-Monitor können Einstellungen vorgenommen werden.

TECHNISCHE DATEN

Typ	Accord DG 12000
Leistungsbedarf	230 PS (170 kW)
Arbeitsgeschw.	k. A.
Tagesleistung	ca. 140 ha
Arbeitsbreite	12 m
Reihenabstand	12,5 cm
Säscharenanz.	96
Ablagetiefe	0–9 cm
Saattankgröße	6.000 l
Transp.-/Abstellstellung L/B/H	820/300/400 cm (mit Striegel)
Gewicht	8.500 kg

Trotz der enormen Arbeitsbreite beträgt die Breite beim Transport nur drei Meter. Die Transporthöhe liegt bei höchstens vier Metern. Auf der Straße kann mit der Accord DG bis zu 40 Stundenkilometer schnell gefahren werden. In weniger als zwei Minuten kann die Maschine wieder in Arbeitsstellung gebracht werden.

die pneumatische Verteilung des Saatguts. In den 1990er-Jahren stieg Accord zu einem der wichtigsten Hersteller pneumatischer Sämaschinen in Europa auf. 1994 kam es zu einer strategischen Kooperation zwischen Accord und Kverneland. Zwei Jahre später erfolgte schließlich die Übernahme durch den großen skandinavischen Landtechnikkonzern.

Modelle: 2009 stellte Kverneland die Großflächen-Drillmaschine Accord DG vor. Die Drillmaschine ist in drei Ausführungen erhältlich: mit Arbeitsbreiten von acht, zehn und zwölf Metern. Als Einsatzgebiete werden sowohl die konventionellen als auch die konservierenden Bestellverfahren gesehen.

Technik: Die DG 12000 ist die größte Ausführung der Accord-Sämaschine. Sie verfügt über 96 Säscharen, über die das Saatgut abgelegt wird. Der Reihenabstand beträgt 12,5 Zentimeter. Zur Saatbetteinebnung kann die Maschine mit einem zweireihigen Zinkenfeld oder einem Crossboard ausgestattet werden. Zur optionalen Ausstattung gehört auch ein nachlaufender Striegel, der für eine Einebnung und Saatgutabdeckung sorgt. ◀

Die Accord DG ist eine flexible Sämaschine. Die Scharflügel können einzeln ausgeklappt werden. Außerdem kann der Schardruck individuell eingestellt werden. Mithilfe einzelner Sensoren wird die Einhaltung des eingestellten Drucks geregelt. Nach dem Wenden am Vorgewende wird der gewählte Druck automatisch wieder hergestellt.

Die P2070 kann auf eine Transportbreite von 5,03 Metern zusammengeklappt werden. Die Höhe beträgt mit den hochgeklappten Flügeln 5,38 Meter. Die Drillmaschine ist in der Transportstellung sogar etwas schmäler als der New Holland T9060 mit seiner Doppelbereifung.

Geschichte: Saskatoon ist die größte Stadt der kanadischen Provinz Saskatchewan und liegt im Herzen einer Region, die als Kanadas „Brotkorb" bezeichnet wird. Das Werk, das Case New Holland in dieser Stadt unterhält, hat den Vorteil, sehr nahe am Markt für die Landmaschinen der obersten Größenklasse zu liegen. Produziert werden Schneidwerke für Mähdrescher, Feldspritzen, Einzelkornsämaschinen und pneumatische Sämaschinen.

Modelle: Zu den größten Drillmaschinen zählen die Modelle der P2000-Reihe, die unter dem Markennamen New Holland vertrieben werden. Zur Baureihe gehören die Modelle P2050, mit einer Arbeits-

Die Precision Hoe 800 ist das Gegenstück von Case IH zur P2070 von New Holland. Anstelle des blauen Saatwagens P1070 setzt man bei Case IH den Saatwagen 3580 ein. Die Zugmaschine in diesem Bild ist der 600 PS starke Case IH Quadtrac 600, der auf vier Raupenlaufwerken fährt.

TECHNISCHE DATEN

Typ	P2070 / Precision Hoe 800
Leistungsbedarf	k. A.
Arbeitsgeschw.	k. A.
Tagesleistung	k. A.
Arbeitsbreite	21,3 m
Reihenabstand	25,4 oder 30,5 cm
Säscharenanz.	70 oder 84
Ablagetiefe	k. A.
Saattankgröße	20.438 l (P1070)
Transp.-/Abstell-stellung L/B/H	k. A./538/503 cm
Gewicht	ca. 15.500–16.500 kg

breite von 8,2 bis 12,2 Metern, und P2060, das über eine Arbeitsbreite von 18,3 oder 21,3 Metern verfügen kann. 2009 stellte New Holland die neue P2070 vor. Dieses Modell kann aus drei ober fünf Abschnitten bestehen und eine Arbeitsbreite von 15,3, 18,3 oder 21,3 Metern aufweisen. Der Abstand der Scharen kann 25,4 oder 30,5 Zentimeter betragen. Die P2070 wurde im gleichen Jahr auch unter der CNH-Marke Case IH als „Precision Hoe 800" mit den gleichen Konfigurationsmöglichkeiten eingeführt.

Ausstattung: Für die Baureihe stehen mehrere Saatwagen zur Verfügung. Das größte Modell ist der P1070, der eine Kapazität von 20.438 Litern besitzt und in drei Abschnitte unterteilt ist. Das Leergewicht des Saatwagens beträgt 7.295 Kilogramm. Wenn er mit Saatgut und Dünger beladen ist, bringt der Wagen ungefähr 23 Tonnen auf die Waage. Um einen zu hohen Bodendruck zu vermeiden, fährt der Wagen auf vier großen Rädern. Seine Breite beträgt 3,9 Motor. Die Höhe liegt bei 4,67 Metern. ◄

Mit der P2000-Serie führte New Holland eine Reihe von pneumatischen Großflächensämaschinen ein. Das Einsatzfeld sind überwiegend die großen, oft trockenen Böden, wie sie in der nordamerikanischen Prärielandschaft vorherrschen. Aber auch in Australien und Russland kommen solche Maschinen oft zum Einsatz.

Die P2000-Modelle sind für die Direktsaat konzipiert. Bei dieser Sämethode wird auf dem abgeernteten Feld ohne weitere Bodenbearbeitung das Saatgut im Boden in der eingestellten Tiefe abgelegt. Die Scharen der Drillmaschine öffnen den Boden nur so weit, wie es nötig ist.

Die Seed-Hawk-Drillmaschine ist nicht nur für die größten Flächen konzipiert, sie erfordert für die Arbeit auch Traktoren der obersten Leistungsklasse. 430 bis 500 PS sollte ein Schlepper bei einem Einsatz mit der SH45-1830C aufbringen können. Für die bodenschonende Arbeit ist eine Doppel- oder Mehrfachbereifung nötig.

Geschichte: Väderstad ist heute einer der führenden Landmaschinenhersteller, dessen Schwerpunkte in der Bodenbearbeitung und Aussaat liegen. Die Anfänge waren jedoch bescheiden. 1962 legten Rune und Siw Stark in dem schwedischen Dorf Väderstad den Grundstein ihres Unternehmens. In einer Werkstätte, die sich auf ihrem Hof befand, bauten sie ihre erste Egge. Das Gerät fand bei den anderen Landwirten so viel Interesse, dass sie bald mit der Serienproduktion begannen. Die Expansion erfolgte schnell. Es dauerte nicht lange, bis die ersten Geräte nach Norwegen, Dänemark und Deutschland exportiert werden konnte. 1977 nahm Väderstad Grubber und Walzen mit in das Programm auf. Heute wird die umfangreiche Produktpalette in zahlreiche Länder der Welt exportiert.

Modelle: 2006 übernahm Väderstad 49 Prozent der Anteile an dem kanadischen Drillmaschinenhersteller

Verschiedene Saatwagen stehen für den Einsatz mit den Seed-Hawk-Drillmaschinen zur Verfügung. Die Saatwagen werden ebenfalls von Seed Hawk hergestellt. Zu den größten gehört der SH 21, der drei Tanks mit einem Fassungsvermögen von insgesamt 21 Kubikmetern besitzt.

TECHNISCHE DATEN

Typ	SH 45-1830C
Leistungsbedarf	430–500 PS (316–368 kW)
Arbeitsgeschw.	k. A.
Tagesleistung	k. A.
Arbeitsbreite	18,30 m
Reihenabstand	25 cm
Säscharenanz.	72
Ablagetiefe	k. A.
Saattankgröße	10.500 + 3.500 + 7.000 l
Transp.-/Abstellstellung L/B/H	k. A./450/520 cm
Gewicht	14.000 kg

Diese Seed Hawk wird von einem New Holland T9060 mit Drillingsbereifung gezogen. Eine Doppelbereifung besitzt auch der Saatwagen, der ein Gewicht von über 5,5 Tonnen hat. Die Drillmaschine selbst besteht aus fünf Sektionen, die ebenfalls jeweils mit Rädern ausgestattet sind.

Seed Hawk. Der Vertrieb der Seed-Hawk-Produkte außerhalb Nordamerikas erfolgt seitdem durch Väderstad. Das kanadische Unternehmen erhofft sich durch die Beteiligung die Erschließung neuer Märkte, vor allem in Osteuropa und den Staaten der ehemaligen Sowjetunion. Zum Seed-Hawk-Programm gehören mehrere Drillmaschinenmodelle mit einer Arbeitsbreite von 6 bis 18,30 Metern.

Einsatz: Die Seed-Hawk-Modelle sind für die Direktsaat konzipiert. Dies bedeutet, dass sie vor allem dort eingesetzt werden, wo die Bodenfeuchte gering ist und die Flächen groß genug sind, dass sich der Einsatz von Maschinen dieser Größenordnung lohnt. Als hauptsächliche Absatzmärkte werden Russland, Australien, Kanada und die USA gesehen, aber auch in Westeuropa werden einige Maschinen verkauft. ◂

Die Seed-Hawk-Drillmaschine kann für den Transport zusammengeklappt werden. Zuerst werden die äußeren Abschnitte hochgeklappt, dann werden die Zwischensektionen in eine vertikale Position gebracht. Die Breite liegt dadurch nur noch bei 4,50 Metern, was für den Straßenverkehr in Europa jedoch immer noch zu viel wäre.

WHITE PLANTERS 8900-SERIE

Die 8936-30 hat eine Transportlänge von 16,76 Metern. Im Einsatz liegt die Länge bei knapp elf Metern. Die Transporthöhe beträgt 3,86 Meter. Wenn die Maschine zusammengeklappt ist, wird eine Breite von 4,57 Metern gemessen. Für den Transport der 8936-30 sind deshalb entsprechend breite Straßen nötig.

Geschichte: White Planters ist eine Marke des großen Landtechnikunternehmens AGCO und heute auf Einzelkornsämaschinen für den konservierenden als auch den konventionellen Anbau spezialisiert. Hergestellt werden die White-Sämaschinen in Hesston, wo auch viele Landmaschinen anderer AGCO-Marken entstehen. Die White-Produkte sind vor allem für den nordamerikanischen Markt vorgesehen.

Die Geschichte der Landmaschinenmarke White geht bis 1960 zurück. In diesem Jahr übernahm die White Motor Company, die bis dahin Autos und Lkw hergestellt hatte, die Oliver Farm Equipment Company. 1969 entstand aus der Fusion mit Oliver und zwei weiteren von White übernommenen Landtechnikunternehmen White Farm Equipment. Weitere Fusionen und Eigentümerwechsel führten in

Mit der Arbeitsbreite der White Planters 8936-30 lässt sich eine enorme Tagesleistung erzielen. Mit der Einführung dieses Modells folgte man bei AGCO dem Ruf nach immer größeren Maschinen, um eine effizientes Säen zu ermöglichen. Immer mehr steigen jedoch dadurch auch die Anforderungen an die Traktoren.

TECHNISCHE DATEN

Typ	8936-30 LF
Leistungsbedarf	544 PS (400 kW)
Arbeitsgeschw.	k. A.
Tagesleistung	k. A.
Arbeitsbreite	36 Reihen
Reihenabstand	76 cm
Säscharenanz.	36 Säaggregate
Ablagetiefe	k. A.
Saattankgröße	6.187 l (Saatgut), 5.678 l (Dünger)
Transp.-/Abstellstellung L/B/H	1.676/457/386 cm
Gewicht	23.968 kg

den 1980er-Jahren zum Entstehen von White-New Idea, das 1991 von AGCO übernommen wurde.
Modelle: Zur 8000-Reihe von White Planters gehören Modelle mit sehr unterschiedlichen Größen, Konstruktionen und Ausstattungen. Die Maschinen der 8900-Serie sind die größten Modelle der Marke. Mit dem 8936-30 führte White Planters 2011 ein Modell der Superlative ein. Die Einzelkornsämaschine zeichnet sich nicht nur durch die 36 Säaggregate aus, die eine enorme Arbeitsbreite ermöglichen, sondern auch durch das Raupenlaufwerk, auf dem die Maschine fährt.
Ausstattung: Auf der Maschine aufgebaut ist ein Saatguttank, der bis zu 6.187 l (150 bushel) Saatgut aufnehmen kann. Mit dieser Menge können ungefähr 182 Hektar (450 acres) bestellt werden. Zusätzlich kann die 8936-30 mit zwei 2.839 Liter fassenden Tanks für flüssiges Düngemittel ausgestattet und mit verschiedenen Bodenbearbeitungsgeräten kombiniert werden. ◂

Die 8936-30 bringt ein Gewicht von fast 24 Tonnen auf die Waage. Zum ersten Mal stattete man deshalb eine Sämaschine mit einem Raupenlaufwerk aus. Das Laufwerk läuft jedoch nicht auf Ketten, sondern auf bodenschonenden Bändern, die aus einem Gewebe von Gummi und Stahl bestehen.

Bei kleineren Einzelkornsämaschinen verfügen die einzelnen Säaggregate über eigene Saatgutbehälter. Die Modelle der 8900-Reihe wurden dagegen mit einem großen Saattank ausgestattet. Über Leitungen werden die Saatkörner mithilfe eines Gebläses an die einzelnen Säaggregate geschickt.

Groß und präzise: Feldspritzen

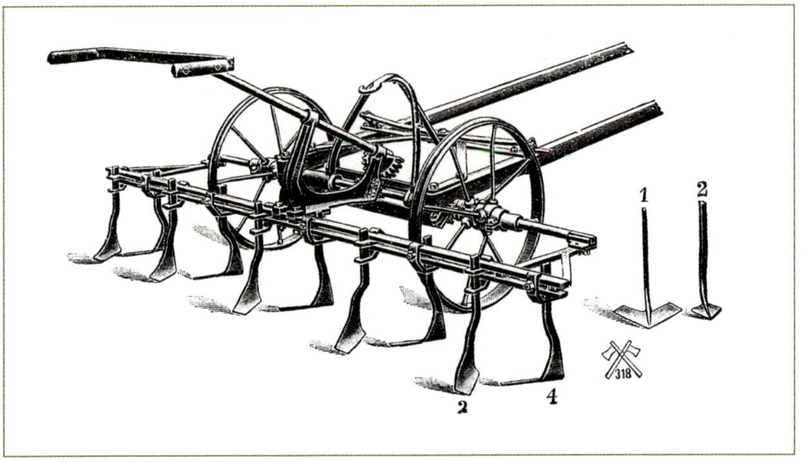

Von Pferden oder anderen Tieren gezogene Hackmaschinen wurden eingesetzt, um das Unkraut zwischen den Reihen zu entfernen. Die Geräte konnten mit verschiedenen Messern ausgerüstet werden.

Die Aufzucht von Kulturpflanzen ist ein Kampf gegen die Natur. Zwischen dem Säen und dem Ernten sind die Pflanzen zahlreichen Gefahren ausgesetzt. Dazu gehören ungünstige Witterungsverhältnisse, Unkraut, tierische Schädlinge und Krankheiten. In früheren Zeiten war der Ausfall eines großen Teils der Ernte keine Seltenheit und hatte oft katastrophale Folgen für die Bevölkerung. Auch heute gehen noch trotz moderner Ackerbaumethoden bis zu 40 Prozent der Ernte verloren. Von den negativen Folgen durch Ernteverluste bleiben heute die meisten Menschen außerhalb der Landwirtschaft – zumindest in den wohlhabenden Ländern – dank des internationalen Handels von Agrargütern verschont. Die Landwirte versuchen den Unkräutern, Wurzelschädlingen, Läusen, Kartoffelkäfern, Milben, der Krautfäule, dem Mehltau und den vielen anderen Gegnern der Kulturpflanzen mit ständig verbesserten Methoden und dem Einsatz technischer und chemischer Hilfsmittel entgegenzuwirken.

Vom fränkischen Grafiker Rudolf Schiestl stammt dieses Bild, das um die Wende zum zwanzigsten Jahrhundert entstand. Es zeigt eine Bauernfamilie, die von der Feldarbeit nach Hause geht. Der Mann geht in gebückter Haltung mit den Hacken auf der Schulter.

Mit Hacke und Geräten

Der Kampf gegen Krankheiten und Schädlinge beginnt oft schon mit indirekten Methoden. Dazu gehören die Fruchtfolge auf dem Feld, die Sortenwahl, die Saatgutvorbereitung, der Aussaattermin, die Düngung sowie die Bodenbearbeitung. Wenn Unkraut aufkommt, werden oft mechanische Methoden eingesetzt, um die schädlichen Pflanzen zu entfernen. Rüben- und Kartoffelhacken gehören zu den einfachsten und anstrengendsten dieser Methoden. Dabei wird von Hand mit Hacken das Unkraut zwischen den Rüben oder Kartoffeln entfernt. Heute werden aber meist gezogene oder am Traktor angebaute Geräte eingesetzt wie Eggen, Striegel oder Hackmaschinen, die zwar nicht so genau arbeiten wie eine Person mit der Hacke in der Hand, aber angesichts der großen Flächen und knappen Zeit für den Landwirt effizienter sind.

Pflanzenschutzmittel

Gegen Krankheiten und Schädlinge sind jedoch mechanische Methoden hilflos. Zu ihrer Bekämpfung wurden spezielle Spritzmittel entwickelt. Schon gegen Ende des neunzehnten Jahrhunderts entdeckte man ein Mittel, das zunächst gegen Insektenbefall und später auch als Unkrautvernichtungsmittel eingesetzt wurde. 1930 stieß man in den USA auf einen Wirkstoff gegen

Der Umgang mit den Pflanzenschutzmitteln war anfangs unbesorgter als heute, wie dieses Bild eines frühen Geräteträgers mit vorne aufgebauter Spritze zeigt.

Pilzerkrankungen. Die Palette der Insektizide, Fungizide und Herbizide verbreitete sich in der Folgezeit beträchtlich. Ebenso wuchsen die Erfahrungen, die man beim Einsatz der Pflanzenschutzmittel gewann. Als Behälter für die Spritzmittel verwendete man anfangs Fässer aus Holz, später auch aus Messing, Stahlblech und Kunststoff. Der Umgang mit den Mitteln war unbekümmert, - wie man oft auf alten Bildern sehen kann. Vor allem im Wein- und Obstbau verspritzte man die Spritzbrühe von Hand, indem jemand auf dem Wagen mit dem Fass stand oder sich die Spritze auf den Rücken schnallte. Von einer Schutzausrüstung war keine Rede. Auch bei der Arbeit mit der Feldspritze, die sich am Heck des Traktors befand, konnte es vorkommen, dass der Fahrer etwas von der Brühe mit abbekam.

Moderne Feldspritzen

Sowohl in Hinsicht auf den Schutz des Fahrer als auch bezüglich des Umweltschutzes hat sich viel verändert. Für den Umgang mit den Pflanzenschutzmitteln ist eine persönliche Schutzausrüstung vorgeschrieben. Dazu gehören Schutzanzug, Handschuhe, Kopfschutz, Augen- und Atemschutz, Gummischürze und Fußschutz, wobei für jedes Mittel festgelegt wird, welche Schutzausrüstung notwendig ist.

Die Kabinen neuerer Traktoren und selbstfahrender Feldspritzen schützen den Fahrer vor der Abdrift beim Einsatz. Filter reinigen die Luft, die in die Kabine gesaugt wird.

Nicht nur um die Umwelt zu schützen, sondern auch aus Kostengründen werden Pflanzenschutzmittel heute sparsam eingesetzt. Die Pflanzen sollen möglichst nur so viel von dem Mittel abbekommen, wie zu deren Schutz nötig ist. Ermöglicht wird dies unter anderem durch die elektronische Steuerung der Geräte. Dank GPS-gesteuerter Fahrsysteme kann die Spur genau eingehalten werden. Die Geschwindigkeit und die Spritzmenge wird oft vom Computer überwacht.

Feldspritzen erreichen heute Arbeitsbreiten von bis zu 48 Metern. Diese Maschinen sind zwar schwer; sie haben aber auch den Vorteil, dass die Anzahl der notwendigen Fahrten über das Feld geringer gehalten werden kann als bei kleineren Feldspritzen, was wiederum zur Bodenschonung beiträgt. ◂

Das Cockpit einer modernen, selbstfahrenden Feldspritze ist eine Hightech-Schaltzentrale. Auf den Schutz des Fahrers und ein exaktes Ausbringen des Spritzmittels wird großer Wert gelegt.

Zu den Vorteilen der Pantera zählt die hohe Wendigkeit, die durch die Allradlenkung der selbstfahrenden Feldspritze ermöglicht wird. Der Wendekreisradius beträgt bis zur äußeren Spur nur 6,30 Meter. Mit der Pantera ist auch eine Hundeganglenkung möglich. Dabei schlagen sich alle vier Räder in die gleiche Richtung ein.

Geschichte: Ende 2010 brachte Amazone mit der Pantera 4001 die erste selbstfahrende Feldspritze aus gänzlich eigener Produktion auf den Markt. Amazone hatte zwar vorher auch schon Selbstfahrer im Programm gehabt, die Trägerfahrzeuge dieser Modelle waren jedoch von einem anderen Hersteller gebaut worden. Mit einem 4.200 Liter großen Behälter kann die Pantera weniger Spritzmittel als die großen UX-Modelle mitführen. Sie verfügt allerdings über das „Speed Spraying“, bei dem mit reduzierten Wasseraufwandsmengen und höheren Fahrgeschwindigkeiten größere Flächenleistungen erzielt werden können. Außerdem genießt die Pantera alle Vorteile von Selbstfahrern.

Technik: Die Pantera 4001 wird von einem Sechszylindermotor von Deutz mit einem Hubraum von 6,06 Litern angetrieben. Der mit Common-Rail-Einspritztechnologie ausgestattete Motor erzielt eine Leistung von 200 PS und zeichnet sich

Vom Cockpit aus hat der Fahrer einen ungehinderten Ausblick. Für Einsätze unter schlechten Sichtverhältnissen ist die Pantera auf dem Dach mit sechs Arbeitsscheinwerfern ausgerüstet. Für die seitliche Ausleuchtung besitzt die Feldspritze zwei Side-View-Scheinwerfer, die ebenfalls am Dach angebracht sind.

TECHNISCHE DATEN

Typ	Pantera 4001
Motorleistung	200 PS (147 kW)
Arbeitsbreite	24–40 m
Nenn-/Istvolum.	4.000 l/4.200 l
Frisch-/Handwasserbehälter	500 l/18 l
L/B/H	840/255/370–380 cm
Bodenfreiheit	110–120 cm
Leergewicht	9.300–10.000 kg
zul. Transportgeschwindigkeit	40 km/h
Spurweite	180–225 cm

durch einen geringen Schadstoffausstoß aus. Mit dem hydrostatischen Fahrantrieb ist eine stufenlose Anpassung der Geschwindigkeit möglich. Die Höchstgeschwindigkeit auf der Straße beträgt 40 km/h. Auf dem Feld fährt die Pantera bis zu 20 km/h schnell.

Ausstattung: Die Pantera verfügt über das Super-L-Gestänge, mit dem auch die großen UX-Modelle ausgestattet sind. Auf Wunsch kann die Pantera mit einer Anhängevorrichtung versehen werden. Dies ermöglicht der selbstfahrenden Feldspritze, beispielsweise einen Anhänger mit einem Gewicht von bis zu zwölf Tonnen zu ziehen. Dadurch kann die Feldspritze einen Wasservorrat für einen langen Einsatz mitnehmen. ◂

Zu den technischen Besonderheiten der Pantera gehört die automatische Spurweitenverstellung im Bereich von 1,80 bis 2,25 Metern. Damit kann ohne großen Aufwand auf die verschiedenen Einsatzbedingungen reagiert werden, was vor allem für Lohnunternehmer von Vorteil ist.

Die Kabine der Pantera bietet einen ebenso hohen Fahrkomfort wie das Cockpit eines modernen Mähdreschers oder Feldhäckslers. Die Schalldämpfung schützt den Fahrer vor Lärm. Eine Klimaautomatik sorgt für eine angenehme Temperatur zu allen Jahreszeiten. Und natürlich ist der Fahrer in der Kabine vor gesundheitsschädlichen Stoffen geschützt.

Wenn das Gestänge der UX 11200 zusammengeklappt ist, liegt die Breite der Maschine nur bei 2,80 Metern. Mit der Feldspritze ist eine Transportgeschwindigkeit von bis zu 50 Stundenkilometern möglich. Vier große Räder tragen dazu bei, die Bodenbelastung selbst bei vollem Behälter gering zu halten.

Modelle: Der Pflanzenschutz gehört zu den Schwerpunkten im Produktionsprogramm von Amazone. Mit der UX-Reihe bietet das Unternehmen gezogene Feldspritzen der Oberklasse an. Die Modelle der Baureihe unterscheiden sich durch die verschiedenen Behältergrößen. Das tatsächliche Volumen der Tanks für die Pflanzenschutzmittel oder den Flüssigdünger liegt beim kleinsten Modell, der UX 3200, bei 3.600 Liter. Die Arbeitsbreite dieser Feldspritze kann 28 Meter erreichen. 6560 Liter kann die UX 6200 aufnehmen. Die Arbeitsbreite liegt, ebenso wie bei den mit kleineren Tanks ausgestatteten Modellen UX 4200 und UX 5200, bei 18 bis 40 Metern.

Die vordere Achse der UX 11200 ist starr. Die hintere Achse ist dagegen passiv nachlaufend. Dies bedeutet, dass sich die Räder bei Kurvenfahrten einschlagen, wodurch ein Radieren auf dem Boden verhindert wird. Optional ist die Ausstattung mit einer Achsschenkellenkung, bei der die vorderen und hinteren Räder der Spur des Schleppers folgen.

TECHNISCHE DATEN

Typ	UX 11200
erf. Schlepper-Mind.-Leistung	250 PS (184 kW)
Arbeitsbreite	24–40 m
Nenn-/Istvolum.	11.200 l/12.000 l
Frisch-/Handwasserbehälter	900 l/20 l
L/B/H	920/280/385 cm
Bodenfreiheit	80 cm
Leergewicht	7.800–8.400 kg
zul. Transportgeschwindigkeit	50 km/h
Spurweite	200–225 cm

Das Gestänge der UX 11200 zeichnet sich durch eine hohe Flexibilität aus. Die Höhe kann im Bereich von 0,5 bis 2,50 Metern verstellt werden. Durch das Einklappen der äußeren Segmente lässt sich die Arbeitsbreite verringern. Das Gestänge kann auch einseitig aus- oder eingeklappt sowie angewinkelt werden.

Entwicklung: Auf der Agritechnica 2011 stellte Amazone mit der UX 11200 ein neues Flaggschiff der Feldspritzen vor. Was dieses Modell von den anderen großen Feldspritzen unterscheidet, ist der Behälter, in den bis zu 12.000 Liter passen. Der Vorteil des großen Behälters der UX 11200 liegt in der geringeren relativen Befüllzeit und der entsprechend höheren Tagesleistung im Vergleich mit den Modellen, die mit kleineren Flüssigkeitstanks ausgestattet sind. Die große Menge von Spritzbrühe, die mitgeführt werden kann, bringt jedoch auch den Nachteil des hohen Gewichts mit sich. Das zulässige Gesamtgewicht liegt bei 23 Tonnen.

Ausstattung: Die Feldspritzenkonstrukteure von Amazone statteten die UX 11200 wegen des hohen möglichen Gewichts mit einer Tandemachse aus. Alle vier Räder verfügen über große Reifen, die mit einem niedrigen Druck gefahren werden können, um Bodenschäden zu vermeiden. Für den Transport kann das Gestänge eingeklappt werden, sodass die Breite nur noch 2,80 Meter beträgt. ◂

Feldspritzen wie die UX 11200 werden nicht selten in der Dämmerung oder Dunkelheit eingesetzt. Die Maschine kann deshalb mit einer Arbeitsbeleuchtung ausgerüstet werden. Alternativ dazu, können auch die einzelnen Düsen des Gestänges mit einer LED-Beleuchtung versehen werden.

Die 4430 ist das neue Flaggschiff unter den selbstfahrenden Feldspritzen von Case IH. Das 8,9 Meter lange Fahrzeug besitzt einen Radstand von 4,1 Metern. Durch den relativ kurzen Abstand der Achsen ist ein Wenderadius von nur 7,5 Metern möglich, was nicht zuletzt am Vorgewende ein Vorteil ist.

Modelle: „Patriot" nennt Case IH die selbstfahrenden Feldspritzen, die in dem kleinen Ort Benson im amerikanischen Bundesstaat Minnesota gebaut werden. Case IH stellte das stärkste Modelle der Baureihe, die Patriot 4430, im August 2011 auf der Landtechnikmesse in Bloomington, Illinois, vor. Das neue Modell zeichnet sich mit einer Leistung von 325 PS durch einen stärkeren Motor und einen 4.542 Liter fassenden Spritzmitteltank aus. Neben dem Flaggschiff befinden sich noch das Patriot-Modell 3330 mit einer Leistung von 250 PS und einem 3.785 Liter fassenden Tank sowie die Patriot 3230 mit einem 220 PS starken Motor sowie einem

Die Patriot-Modelle werden in Minnesota gebaut. Aus Italien kommen dagegen die Motoren. Für Wartungsarbeiten lässt sich die Abdeckung des Motors leicht öffnen. Der Kraftstofftank der 4430 kann bis zu 530 Liter Diesel aufnehmen. 454 Liter groß ist der Kraftstofftank der beiden anderen Modelle.

TECHNISCHE DATEN

Typ	Patriot 4430
Motorleistung	325 PS (243 kW)
Arbeitsbreite	18,3–36,5 m
Nenn-/Istvolum.	4.542 l/k. A.
Frisch-/Handwasserbehälter	265 l/k. A.
L/B/H	890/450/370 cm
Bodenfreiheit	135 cm
Leergewicht	12.936 kg
zul. Transportgeschwindigkeit	48 km/h
Spurweite	305–399 cm

Die Patriot 4430 fährt auf hohen Rädern, wodurch die große Bodenfreiheit von 135 Zentimetern zustande kommt. Die Spur lässt sich im Bereich von 305 bis 399 Zentimetern den Erfordernissen anpassen. Mit der Betätigung eines Schalters kann das Gestänge innerhalb von etwas 30 Sekunden ausgeklappt werden.

3028 Liter großen Behälter im Programm.

Technik: Der Motor aller Patriot-Modelle stammt von Fiat Powertrain Technologies, das ebenso wie Case New Holland zu Fiat Industrial gehört. Die Sechszylindermotoren besitzen bei den beiden kleineren Modellen einen Hubraum von 6,7 Litern und bei der 4430 von 8,7 Litern. Der Motor befindet sich allerdings nicht – wie man vermuten würde – unter der kleinen Haube vor der Kabine, sondern am Heck hinter dem Sprühmittelbehälter. Diese Konfiguration soll eine optimale Gewichtsverteilung ermöglichen.

Ausstattung: Sowohl die Patriot 4430 als auch die 3330 können mit einem 36,5 Meter breiten Gestänge ausgerüstet werden. Für die 3230 ist ein Gestänge mit einer Arbeitsbreite von bis zu 30,5 Metern erhältlich. Alle Modell verfügen standardmäßig über einen hydrostatischen Vierradantrieb, der eine stufenlose Geschwindigkeitsanpassung ermöglicht. Die Höchstgeschwindigkeit auf der Straße liegt bei 48 km/h. ◂

Von der Kabine aus hat der Fahrer der Patriot-Feldspritze alles im Überblick. Über den Multifunktionshebel und die Bedienkonsole an der rechten Seite des Fahrersitzes können die meisten Einstellungen vorgenommen werden. Am Monitor können zahlreiche Informationen über den Betriebszustand abgerufen werden.

Die Spra-Coupe-7000-Modelle gehören nicht zu den größten Feldspritzen. Sie zeichnen sich jedoch durch ihre Arbeitsgeschwindigkeit aus, weswegen sie von Challenger als „High-Speed-Spritzen" bezeichnet werden. Die Tagesleistung der Spra-Coupe-7000-Modelle kann bei etwa 200 Hektar liegen.

Geschichte: Die erste Spra-Coupe-Feldspritze wurde 2002 eingeführt. Dies war ein Jahr, nachdem die Firma Ag-Chem von AGCO übernommen worden war. AG-Chem war ein Unternehmen in Jackson im amerikanischen Bundesstaat Minnesota, das sich auf die Herstellung von Feldspritzen und später auch von Applikatoren spezialisiert hatte. Die Spra-Coupe wird auf dem europäischen Markt als Teil der AGCO-Marke Challenger vertrieben. In Nordamerika wird die SpraCoupe (ohne Bindestrich geschrieben) als eigene Marke vertrieben. Hergestellt werden die Feldspritzen nach wie vor in Jackson, wo AGCO die Produktionsanlagen ausgebaut hat. Mit der 7000-Reihe führte AGCO schnel-

TECHNISCHE DATEN

Typ	Spra-Coupe 7060
Motorleistung	174 PS (128 kW)
Arbeitsbreite	24–36 m
Nenn-/Istvolum.	2.750 l/k. A.
Frisch-/Handwasserbehälter	260 l/k. A.
L/B/H	k. A./k. A./k. A.
Bodenfreiheit	122 cm
Leergewicht	8.165 kg
zul. Transportgeschwindigkeit	40 km/h
Spurweite	225–305 cm

Die in Leichtbauweise gebaute Spra-Coupe 7000 ist auf der Straße bis zu 40 km/h schnell. Eine hohe Geschwindigkeit ist vor allem für Lohnunternehmer ein bedeutender Faktor für einen wirtschaftlich effizienten Einsatz. Das Powershift-Getriebe von Caterpillar erlaubt ein komfortables Schalten.

Eine hohe Bodenfreiheit trägt bei der Durchfahrt zum Schutz der Gewächse bei. Bei der Spra-Coupe 7640 beträgt der Abstand zum Boden 1,06 Meter. Über eine Bodenfreiheit von 1,22 Metern verfügt die 7660. Für eine gute Traktion sorgt der zuschaltbare hydraulische Vorderradantrieb.

le, für eine große Flächenleistung konzipierte Feldspritzen ein.
Technik: Die Challenger Spra-Coupe 7660 ist mit einem 174 PS leistenden Sechszylindermotor von Caterpillar ausgestattet. Die Version des Modells, die in Nordamerika unter der SpraCoupe-Marke vertrieben wird, besitzt dagegen einen Motor von Perkins, der jedoch die gleiche Leistung erbringt. Beide Versionen verfügen über einen 246 Liter großen Tank. Das Getriebe stammt ebenfalls bei beiden Versionen von Caterpillar. Es bietet sechs Vorwärts- und zwei Rückwärtsgänge. Die Spra-Coupe 7000 kann mit 20 bis 25 Stundenkilometern arbeiten und ist dadurch ungefähr doppelt so schnell wie die meisten anderen Selbstfahrer.
Ausstattung: Das leichte, aus Aluminium bestehende Gestänge der Spra-Coupe-7000-Modelle ist in Ausführungen mit einer Arbeitsbreite von 24, 27, 28, 30 und 36 Metern erhältlich. Falls ein Hindernis auftaucht, können Teilbereiche weggeklappt werden, um Schäden zu vermeiden. ◂

Eine Spra-Coupe der Baureihe 7000 (links) steht neben einem Modell der Baureihe 4000 (rechts). Beide Modellreihen arbeiten nach dem Hochgeschwindigkeits- und Niedrigvolumenprinzip. Durch die hohe Arbeitsgeschwindigkeit muss weniger Wasser zur Verdünnung mitgeführt werden, was wiederum ein niedrigeres Einsatzgewicht und eine größere Bodenschonung zur Folge hat.

Die John Deere 4940 wurde als eine selbstfahrende Hightech-Felspritze vorgestellt. Die Maschine kann mit BoomTrac Pro ausgerüstet werden. Bei dieser automatischen Neigungs- und Höhenregulierung des Gestänges wird der Abstand zum Boden mithilfe von Ultraschallsensoren gemessen und geregelt.

Modelle: Für den nordamerikanischen und osteuropäischen Markt stellt John Deere die selbstfahrenden Feldspritzen der 4000-Reihe her. Produziert werden diese Maschinen in Des Moines, der größten Stadt des US-Bundesstaates Iowa. Zur Baureihe gehören die 4030-Modelle, die von Motoren mit einer Leistung von 165 bis 275 PS angetrieben werden und einen Brühbehälter von 2.271 bis 3.785 Litern mitführen. Die Arbeitsbreite dieser Modelle liegt bei 24,3 bis 30,5 Metern. 2011 führte John Deere die neue 4940 ein. Die Typenbezeichnung deutet bereits an, dass es sich bei dieser Feldspritze um eine an-

Unter der großen Motorhaube der 4940 steckt der Sechszylindermotor, der dank der modernsten Motortechnologien wie der Common-Rail-Einspritztechnik die neuesten Abgasstandards einhält. Das ausgeklügelte Einspritzsystem trägt dazu bei, dass die Motorengeräusche gering gehalten werden.

TECHNISCHE DATEN

Typ	John Deere 4940
Motorleistung	340 PS (250 kW)
Arbeitsbreite	36,5 m
Nenn-/Istvolum.	4.542 l/k. A.
Frisch-/Handwasserbehälter	644 l/k. A.
L/B/H	k. A./k. A./k. A.
Bodenfreiheit	127 cm
Leergewicht	16.225 kg
zul. Transportgeschwindigkeit	56 km/h
Spurweite	305–406 cm

Der Allradantrieb verleiht der 4950 unter allen Einsatzbedingungen eine hervorragende Traktion. Sowohl die Spurweite als auch die Bereifung lässt sich an die jeweiligen Erfordernisse anpassen. Ein Spurführungssystem, dessen Empfänger dieses Exemplar auf dem Dach hat, ermöglicht ein exaktes Arbeiten.

dere Größenklasse handelt. Die 4940 ist mit einem 4.542 Liter fassenden Behälter ausgestattet und kann eine Arbeitsbreite von 36,5 Metern erreichen.

Technik: Als Antrieb besitzt die 4940 einen PowerTech-Plus-Motor von John Deere mit sechs Zylindern, Turboladung und einem Hubraum von neun Litern. Das Antriebsaggregat erzielt eine Leistung von 340 PS. Ein 787 Liter großer Kraftstofftank sorgt dafür, dass die selbstfahrende Feldspritze lange Einsätze ohne Tankunterbrechung durchführen kann.

Ausstattung: Die 4940 kann mit drei verschiedenen Gestängen ausgestattet werden. Die jeweiligen Arbeitsbreiten liegen bei 27,4, 30,4 und 36,5 Metern. Die hohe Bodenfreiheit von 127 Zentimetern sorgt dafür, dass die Pflanzen auf den Reihenfruchtfeldern nicht beschädigt werden. Die 4940 verfügt über einen hydrostatischen Antrieb mit drei Geschwindigkeitsbereichen. Im Transportmodus kann eine Höchstgeschwindigkeit von 56 Stundenkilometern erreicht werden. Der Allradantrieb gehört zur Serienausstattung. ◂

Die 4940 verfügt über eine automatische Steuerung der Düsen. Dabei werden die Düsen in einzelnen Bereichen des Gestänges abgeschaltet, wenn sie nicht gebraucht werden. Dies ist beispielsweise am Vorgewende der Fall. Mit dieser Technik wird vermieden, dass einzelne Stellen auf dem Feld zu viel Spritzmittel bekommen oder ausgelassen werden.

Special: Trägerfahrzeuge und Applikatoren

Sowohl vier- als auch dreirädrige Trägerfahrzeuge werden von Case IH auf den Markt gebracht. Die Maximalleistung liegt im Bereich von 365 bis 415 PS.

Viele Landmaschinen stehen in der oberen Leistungsklasse als Selbstfahrer zur Verfügung. Die Vorteile der Selbstfahrer sind die hohe Flächenleistung, der Wegfall von Umrüstzeiten, die gute Motorisierung, die sehr gute Sicht des Fahrers auf die entsprechenden Geräteteile sowie häufig auch eine Allradlenkung und andere Optimierungen.

Als eine Mischung aus Selbstfahrer und Systemtraktor entwickelten einige Unternehmen sogenannte Trägerfahrzeuge. Während sich Systemtraktoren jedoch durch ihre Flexibilität auszeichnen, sind die Trägerfahrzeuge für wenige Aufgaben bestimmt. Mit den Selbstfahrern besteht die Ähnlichkeit vor allem darin, dass sich vorne die Kabine und dahinter eine Fläche für den Aufbau eines Gerätes, beispielsweise einer Spritze oder eines Güllefasses, befindet. Die Trägerfahrzeuge werden oft zum Ausbringen von Gülle, Flüssigdünger oder Trockendung verwendet. Die für die Aufgaben vorgesehene Ausrüstung wird Applikator genannt. Manchmal wird dieser Begriff auch auf die Fahrzeuge selbst angewandt.

Drei bis fünf Räder

Für den nordamerikanischen Markt bietet Case IH Trägerfahrzeuge an, die im Englischen wegen der großen Bereifung „floaters“ genannt werden. Die hochmotorisierten Fahrzeuge mit der Typenbezeichnung „Titan“ können entweder mit einem Applikator für trockenen Dünger und granuläre Herbizide oder für Flüssigdünger ausgerüstet werden.

Bereits 1973 führte Ag-Chem einen dreirädrigen Terra-Gator ein, der für das Ausbringen von flüssigen und festen Stoffen auf die Felder konzipiert war. 1976 folgte ein fünfrädriger „Applikator“, der fast doppelt so groß wie das erste Modell und für den Einsatz in großen Betrieben gedacht war. Seit der Übernahme von Ag-Chem durch AGCO werden die Terra-Gators in Europa unter der Marke Challenger und in Nordamerika als eigene Marke, „TerraGator“ geschrieben, vertrieben. Das stärkste Modell ist der mit fünf Rädern ausgestattete Terra-Gator 9205, der es auf eine Leistung von 459 PS bringt und bis zu 20 Tonnen trockene oder flüssige Stoffe mitführen kann.

Der Terra-Gator ist mit breiten, bodenschonenden Reifen ausgestattet. Mit dem am Heck angebauten Gerät kann der ausgebrachte Dünger in den Boden eingearbeitet werden.

Der Terra Variant ist ein flexibler Gigant. Der Fahrer kann mit dem Joystick die Hinterachse unabhängig von der Vorderachse lenken. Auf der Straße ist das Trägerfahrzeug von Holmer bis zu 40 km/h schnell.

Claas Xerion Saddle Trac

1997 brachte Claas einen Systemtraktor mit der Bezeichnung Xerion auf den Markt. Dies war zu einer Zeit, als andere bekannte Hersteller von Systemtraktoren die Produktion ihrer Modelle bereits wieder beendet hatten. Zu den Besonderheiten der Xerion-Traktoren gehörte ihre starke Motorisierung. Die beiden ersten Modelle besaßen eine Nennleistung von 250 beziehungsweise 300 PS. Spätere Modelle wurden mit noch mehr PS-Leistung ausgestattet.

Der Xerion wird in drei Ausführungen angeboten: als „Trac" mit der Kabine in Mittelposition, als „Trac VC" mit einer drehbaren Kabine sowie als „Saddle Trac" mit der Kabine oberhalb der Vorderachse und einem großen Aufsattel- oder Aufbauraum dahinter. In dieser Trägerfahrzeugausführung kann der Xerion beispielsweise ein Güllefass, einen Düngertank oder einen Saatgutbohälter mitnehmen.

Holmer Terra Variant

Zu den größten und stärksten Trägerfahrzeugen gehört der Terra Variant von Holmer. Das Fahrzeug erreicht eine Länge von über zehn Metern. Der Achtzylindermotor des fahrbaren Kraftbündels kann über 600 PS leisten. Der Terra Variant lässt sich als Gülleausbringer, als Universalstreuer zum Ausbringen trockener Stoffe wie Festmist, Kompost, Klärschlamm oder Kalk sowie als Getreide- oder Zuckerrübentransporter bei der Ernte einsetzen. Er kann aber auch wie ein normaler Traktor mit angehängten Maschinen arbeiten. Für ein bodenschonendes Fahren sorgen die großen Reifen. Außerdem kann er mit Vorder- und Hinterreifen zueinander versetzt fahren, sodass die Spur der hinteren Räder nicht mit der Spur der vorderen Räder überlappt. ◄

Dieser Xerion Saddle Trac befindet sich beim Ausbringen von Gülle. Der Güllewagen wurde speziell für den Xerion entwickelt. Er liegt vorne auf dem Aufsattelraum auf und läuft hinten auf eigenen Rädern. Es gibt Wagen für den Xerion, die bis zu 30.000 Liter Gülle fassen können.

Die Oceanis-Modelle können mit verschiedenen Gestängen ausgerüstet werden. Alle Gestänge bestehen aus einem hochfesten Aluminium, das den Vorteil hat, nicht zu rosten und leicht zu sein. Abhängig vom gewählten Gestänge beträgt die Breite in Transportstellung 255 oder 295 Zentimeter.

Modelle: 2008 übernahm Kuhn den Feldspritzenhersteller Blanchard. Seitdem kommen die Spritzen unter dem Namen Kuhn aus der westfranzösischen Gemeinde Chéméré. Kuhn hat Anbaufeldspritzen mit Behältern in der Größe von 600 bis 1.800 Litern im Programm. Größer sind die gezogenen Feldspritzen. 2.400 bis 3.200 Liter Spritzbrühe können die Modelle der Atlantique- und der Grande-Large-Reihen mitführen. Zur Oceanis-Reihe gehören die Feldspritzen mit den größten Behältern und Arbeitsbreiten. Die Oceanis-Modelle 4500 und 5600 können eine Arbeitsbreite von bis zu 44 Metern aufweisen. Die Zahl in

Bis zu 8.100 Liter Spritzbrühe kann die Oceanis 7700 mitführen. Der Behälter der Oceanis ist so geformt, dass selbst bei Einsätzen in Hanglagen eine vollständige Entleerung erfolgt. Am Heck der Maschine befindet sich der Spülwasserbehälter, der bis zu 550 Liter Wasser aufnehmen kann.

TECHNISCHE DATEN

Typ	Oceanis 7700
erf. Schlepper-Mind.-Leistung	k. A.
Arbeitsbreite	24–48 m
Nenn-/Istvolum.	7.700 l/8.100 l
Frisch-/Handwasserbehälter	550 l/16 l
L/B/H	k. A./255 o. 295 cm/k. A.
Bodenfreiheit	k. A.
Leergewicht	4.000–5.000 kg
zul. Transportgeschwindigkeit	k. A.
Spurweite	180–225 cm

Die Computertechnik spielt bei der Steuerung von immer mehr Landmaschinen eine Rolle. Die Oceanis ist mit dem Spritzcomputer RSB4 ausgestattet. Mit dem Elektronikgehirn sind eine automatische Anpassung der Spritzmenge, eine Messung der Durchflussmenge, das Speichern verschiedener Einstellungen und vieles mehr möglich.

der Typenbezeichnung gibt das jeweilige Nennvolumen wieder. Ein 48 Meter breites Gestänge besitzen die Modelle Oceanis 6500, 7000 und 7700. Mit ihrem Behälter, der eine Nenngröße von 7.700 Litern hat, jedoch bis zu 8.100 Liter aufnehmen kann, ist die Oceanis 7.700 das Flaggschiff unter den Kuhn-Feldspritzen.

Technik: Leistungsstarke Pumpen sind für die Schlagkraft der Feldspritze wichtig. Kuhn bietet die Oceanis mit drei verschiedenen Pumpen an. Zwei Kolbenmembranpumpen mit einer Förderleistung von 370 beziehungsweise 500 Litern pro Minute stehen zur Auswahl. Noch stärker ist die optionale Kreiselpumpe mit einer Förderleistung von 700 Litern pro Minute.

Ausstattung: Standardmäßig verfügt die Oceanis über eine starre Achse. Zur optionalen Ausstattung der Oceanis gehört eine Nachlaufachse, bei der sich die Räder bei Kurvenfahrten einschlagen und die Feldspritze spurgetreu dem Traktor folgt. Zu den Vorteilen gehören die größere Bodenschonung und ein kleinerer Wendekreis. ◂

Die Oceanis verfügt über ein Pendelsystem, das dafür sorgt, dass das Gestänge in waagerechter Position bleibt. Bodenunebenheiten werden durch das Pendelsystem absorbiert und nicht an das Gestänge übertragen. Gestängebewegungen in Fahrtrichtung werden durch einen Stickstoffspeicher gedämpft.

Die iXtrack-Modelle können mit verschiedenen Gestängen ausgestattet werden. Das größte ist das HBWP-Gestänge, das für die iXtrack C40 und C50 zur Verfügung steht und eine Arbeitsbreite von 33 bis 45 Metern besitzen kann. Das Gestänge kann völlig oder teilweise eingeklappt werden.

Geschichte: Rau ist heute eine Marke der Kverneland-Gruppe, unter deren Namen in mehreren Ländern Feldspritzen vertrieben werden. Die Maschinenfabrik Rau war einst ein selbstständiges Unternehmen in Weilheim an der Teck. In den 1990er-Jahren geriet der traditionsreiche Hersteller von Bodenbearbeitungsgeräten und Feldspritzen jedoch wegen Ausfällen in süd- und osteuropäischen Ländern in finanzielle Schwierigkeiten. Im Jahr 1999 erfolgte die Übernahme durch die Kverneland-Gruppe.

Modelle: Kverneland stellte die iXtrack-Baureihe 2011 auf der Agritechnica vor. Bei den präsentierten Modellen handelte es sich um die

Die C40 ist das zweitgrößte Modell der iXtrack-Reihe. Mit der größten Version des HBWP-Gestänges besitzt die Maschine ein Leergewicht von 5.310 Kilogramm. Die Breite der Feldspritze beträgt bei zusammengeklapptem Gestänge 2,55 Meter. Dadurch ist auch auf engeren Straßen der Transport kein Problem.

TECHNISCHE DATEN

Typ	iXtrack C50
erf. Schlepper-Mind.-Leistung	k. A.
Arbeitsbreite	45 m
Nenn-/Istvolum.	5.00 l/5.378 l
Frisch-/Handwasserbehälter	360 l/15 l
L/B/H	693–876/255/365–399 cm
Bodenfreiheit	k. A.
Leergewicht	5.360 kg
zul. Transportgeschwindigkeit	40 km/h
Spurweite	180–225 cm

Großflächenmaschinen C30, C40 und C50, die mit einer Arbeitsbreite von 18 bis 45 Metern und einem Tankinhalt von 3.000 bis 5.000 Litern aufwarten können. Unter dem Markennamen Vicon bietet Kverneland ebenfalls iXtrack-Modelle an. Dazu gehören die Reihen A und B, die mit 2.400 bis 3.600 Liter großen Tanks ausgestattet sind und deren Gestängebreite im Bereich von 18 bis 33 Metern liegt.

Ausstattung: Die iXtrack-Modelle der C-Reihe sind standardmäßig mit einer hydro-pneumatischen Achsfederung ausgestattet. Ergänzend dazu verfügt auch die Deichsel über eine Federung, was eine ruhige Fahrt bei hohen Geschwindigkeiten und einem großen Gewicht ermöglicht. Die iXtrack ist für eine Transportgeschwindigkeit von bis zu 40 Stundenkilometern zugelassen. Eine Druckluft-Bremsanlage sorgt für Sicherheit. Die Spur lässt sich im Bereich von 180 bis 225 Zentimetern verstellen. Standardmäßig verfügen die iXtrack-Spritzen über eine gefederte starre Achse. Auf Wunsch können sie jedoch mit einer gefederten Lenkachse ausgerüstet werden. ◀

Die iXtrack ist so konstruiert, dass es zu keinem unnötigen Verbrauch der Spritzbrühe kommt. Am Anfang des Einsatzes werden die Spritzleitungen bis zu den Düsen gefüllt. Dadurch wird die Behandlung bereits vom Feldrand an korrekt durchgeführt. Ein optionales Spurführungssystem sorgt dafür, dass es zu keinen Überschneidungen kommt.

Dies ist die Vicon-Version eines iXtrack-Modells der C-Klasse. Mit der enormen Arbeitsbreite sind nur wenige Fahrten auf dem Feld nötig, was die Bodenbelastung gering hält. Die Spur der Spritze lässt sich den jeweiligen Anforderungen anpassen. Sie kann im Bereich von 1,80 bis 2,25 Metern verstellt werden.

Special: Landmaschinen der Zukunft

Lange Zeit galt die Landwirtschaft als sehr arbeitsintensiv. Durch den Einsatz der Landmaschinen verringerte sich die Anzahl der Menschen, die sich auf den Feldern abmühen mussten. Die moderne Computertechnik wird dafür sorgen, dass in Zukunft noch weniger Menschen auf den Feldern zu sehen sein werden.

Automatisiertes Fahren

In den 1980er-Jahren begannen die Computer Teil der Traktorausstattung zu werden. Es begann mit den Fahrerinformationssystemen, die Betriebswerte des Traktors abfragen und Berechnungen anstellen konnten. Je leistungsfähiger die Computer wurden, desto mehr Aufgaben konnten sie bei der Arbeit mit den Landmaschinen übernehmen. Ein Beispiel dafür ist das Vorgewende-Management, das dem Fahrer die Tätigkeiten abnimmt, die beim Wenden am Feldende jedesmal durchgeführt werden müssen, wie das Abschalten der Zapfwelle, das Heben des Hubwerks und so weiter. Die Einführung des satellitengestützten Navigationssystems GPS brachte neue Möglichkeiten. Fast alle Hersteller von Traktoren, Mähdreschern und anderen selbstfahrenden Landmaschinen führten Fahrhilfen oder automatische Fahrsysteme ein.

Computer am Steuer

Bei den automatischen Fahrsystemen ist zwar noch eine Person in der Kabine nötig, aber der gänzlich fahrerlose Traktor ist bereits absehbar. 2011 stellte Fendt das GuideConnect vor. Dieses System ermöglicht es, dass ein fahrerloser Traktor einem vorausfahrenden Traktor vollautomatisch folgt. Die beiden Fahrzeuge werden über eine GPS-basierte Steuerung gelenkt und kommunizieren über Funk. Ein Fahrer muss sich nur im ersten Traktor befinden. Der Vorteil des GuideConnect-Systems besteht darin, dass zwei kleinere Traktoren bei der Feldarbeit eine ähnliche Flächenleistung wie ein Großschlepper erzielen können, zugleich aber bodenschonender und flexibler sind.

Anfang 2011 stellte der ebenfalls zu AGCO gehörende Traktorbauer Valtra das Konzeptfahrzeug ANTS vor. Die Buchstaben A, N, T und S stehen für die aktuellen Modellrei-

Die beiden ANTS-Module von Valtra können gemeinsam oder getrennt arbeiten. Hier sind sie miteinander verbunden und bilden eine 300 kW (408 PS) starke Einheit. Die Kabine kann zwischen den Modulen ausgetauscht werden.

Durch das GuideConnect-System ist nur in einem Traktor (rechts) ein Fahrer nötig. Der andere Traktor (links) folgt und bearbeitet das Feld genau um eine Spur versetzt.

hen von Valtra. Zusammengesetzt bilden sie aber auch das englische Wort „ants“ (Ameisen). Ein ANTS-System besteht aus zwei Modulen oder Fahrzeugen: einem „Soldaten“ mit einer Leistung von 100 kW (136 PS) und einem „Arbeiter“ mit einer Leistung von 200 kW (272 PS). Eine Kabine befindet sich nur an einem der Module. Die beiden Fahrzeuge können gemeinsam oder getrennt arbeiten. Abgesehen von den vielen vorgesehenen technischen Neuerungen liegt der Vorteil des ANTS-Systems in der flexiblen Einsetzbarkeit.

Einen Schritt weiter zum fahrerlosen Traktor unternahmen 2012 der US-amerikanische Landmaschinenhersteller Kinze Manufacturing und das IT-Unternehmen Jaybridge Robotics, die einen selbstfahrenden Traktor beim Ernteeinsatz vorstellten. Der fahrerlose Traktor wartete am Feldrand mit einem Anhänger, bis beim Mähdrescher der Tank voll war. Sobald über Funk vom Mähdrescher die Anforderung kam, setzte er sich selbstständig in Gang und fuhr neben dem Mähdrescher, um das Getreide aufzunehmen. Nachdem das Abtanken abgeschlossen war, fuhr der Traktor wieder an den Feldrand. Die von Kinze und Jaybridge entwickelte Technik wurde außerdem bei der selbstständigen Arbeit eines Traktors mit einer Drillmaschine erprobt.

Der Traktor fährt ohne Fahrer selbstständig neben dem Mähdrescher, während der Korntank entladen wird. Das Kinze-Autonomy-System, für das von Jaybridge die Software entwickelt worden war, ist für die Steuerung verantwortlich.

Roboter auf dem Feld

Mehrere Unternehmen und Forschungseinrichtungen arbeiten an der Entwicklung von Feldrobotern, die für verschiedene Aufgaben spezialisiert sind. Der von der Fachhochschule Osnabrück, der Robert Bosch GmbH und den Amazonen-Werken entwickelte BoniRob ist ein Beispiel für die zukunftsweisenden autonom arbeitenden Maschinen. Der Name leitet sich von „Bonitur“, was die Erfassung der Merkmale und des Zustands von Pflanzen bezeichnet, und dem Wort „Roboter“ her. Die Aufgabe des Feldroboters ist es, die Messdaten vieler Einzelpflanzen zu erfassen und zu speichern. Der BoniRob kann die Pflanzen später wiederfinden und ihren Wachstumszustand überprüfen.

Blue River Technology in Kalifornien stellte 2012 einen Roboter vor, dessen Aufgabe es ist, auf Gemüsefeldern Unkraut zu entfernen sowie die Gemüsepflanzen auszudünnen. Das Einsatzgebiet werden zunächst Salatfelder sein. Der Roboter fährt bei seiner Arbeit die Reihen entlang und kann anhand der Blätter erkennen, ob es sich um eine Salatpflanze oder ein unerwünschtes Kraut handelt. Außerdem kann er feststellen, ob die Salatpflanzen zu dicht beieinander stehen. Die Pflanze, die entfernt werden soll, wird von dem Roboter mit heißem Dampf oder Öl besprüht, damit sie abstirbt.

Die Anzahl der aus Metall und Kunststoff bestehenden Arbeiter auf den Feldern wird sich voraussichtlich in Zukunft bedeutend vergrößern. ◀

Mit einer großen Genauigkeit kann der BoniRob eine sehr große Anzahl von Pflanzen erfassen, während der Mensch darauf angewiesen ist, Stichproben zu nehmen. Die Arbeit der Pflanzenzüchter wird mithilfe des Feldroboters bedeutend genauer und schneller vor sich gehen.

Classic
trifft
Leidenschaft
Großer Serviceteil: Sandstrahlen & Werkstattsicherheit
TraktorClassic
1/2013 DEZ/JAN
5,50 €
DAS MAGAZIN FÜR HISTORISCHE LANDMASCHINEN
Alltagsklassiker
Fendt Farmer 2
Traktor-Check
GÜLDNER G 75 A
Flaggschiff der G-Reihe
Alle
2 Monate
neu am
Kiosk!
Hummel Duplo-Trac A9
Knickschlepper mit Pfiff
Die Retter-Schlepper
Külsteneinsätze einst & jetzt
DB 775 in Friesland
Britischer Traktoren-Pionier
Online blättern oder Testabo mit Prämie bestellen unter:
www.traktorclassic.de/abo

Ebenfalls erhältlich ...

ISBN 978-3-86245-627-7

Dieselross und Hightech-Schlepper, Mähdrescher und Systemmobile – alles über Modelle und Geschichte der beliebten Marke Fendt weiß dieser Typenatlas.

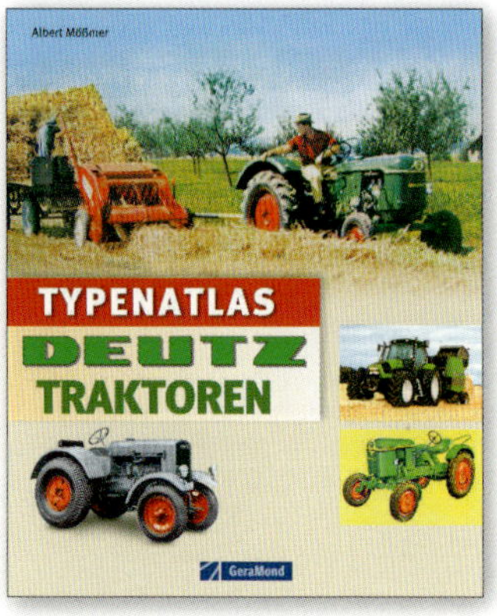

ISBN 978-3-86245-628-4

Die komplette Modellhistorie aller Traktoren und Mähdrescher des innovativen Kölner Herstellers kennt dieser reich bebilderte Typenatlas.

ISBN 978-3-86245-645-1

Von Oberbayern in die Welt: Der Typenatlas präsentiert alle Modelle der legendären Traktorenmarke Eicher. Detailliert, fundiert und reich bebildert.

ISBN 978-3-86245-705-2

Die Traktoren aus dem Hause MAN: Eine reich bebilderter und umfassender Überblick über Technik und Modelle der von 1921–1962 gefertigten Ackerdiesel.

ISBN 978-3-86245-610-9

Das umfassende Typenbuch porträtiert alle der von 1938-1969 gefertigten Modelle des innovationsfreudigen Aschaffenburger Traktorenbauers Güldner.

ISBN 978-3-86245-673-4

Hightech, höchste Qualität und das rot-weiß-rote Design sind ihr Markenzeichen: Ein aktueller Überblick über die Traktoren aus dem Hause Steyr.

GeraMond

www.geramond.de

Früher war die Ernte ein Rennen gegen die Zeit. Sie musste abgeschlossen sein, bevor das Wetter umschlug. Moderne Landmaschinen wie diese John-Deere-Mähdrescher können die Arbeit innerhalb kurzer Zeit erledigen.